Schadstoffe in elektrischen und elektronischen Geräten

Schadstoffe in elektrischen und elektronischen Geräten

Springer

Berlin
Heidelberg
New York
Barcelona
Budapest
Hong Kong
London
Mailand
Paris
Santa Clara
Singapur
Tokio

Joachim Schmidt (Hrsg.)
Bernhard Blum

Schadstoffe in elektrischen und elektronischen Geräten

Emissionsquellen,
Toxikologie, Entsorgung
und Verwertung

Mit 5 Abbildungen und 7 Tabellen

 Springer

HERAUSGEBER:
PROFESSOR DR.-ING. JOACHIM SCHMIDT
Institut für Recycling
Fachhochschule Braunschweig/Wolfenbüttel
Standort Wolfsburg
Robert-Koch-Platz 12
D-38440 Wolfsburg

UND

Deutsche Automobilgesellschaft mbH
Julius-Konegen-Straße 24
38114 Braunschweig

AUTOR:
DIPL.-ING. BERNHARD BLUM
Am Sommerberg 41
79853 Lenzkirch

ISBN-13:978-3-642-80157-0

Die Deutsche Bibliothek – CIP-Einheitsaufnahme
Blum, Bernhard:
Schadstoffe in elektrischen und elektronischen Geräten und ihre toxischen Auswirkungen / Bernhard Blum. J. Schmidt (Hrsg.). DAUG. - Berlin ; Heidelberg ; New York ; Barcelona ; Budapest ; Hong Kong ; London ; Mailand ; Paris ; Santa Clara ; Singapur ; Tokyo : Springer 1996
ISBN-13:978-3-642-80157-0   e-ISBN-13:978-3-642-80156-3
DOI: 10.1007/978-3-642-80156-3

Satz: Reproduktionsfertige Vorlagen vom Autor
SPIN: 10529315   30/3136 – 5 4 3 2 1 0 – Gedruckt auf säurefreiem Papier

Vorwort

Aufgrund eines zunehmenden Umweltbewußtseins in der Bevölkerung ist in den letzten Jahren die Praxis der Entsorgung von ausgedienten elektrischen und elektronischen Geräten in das öffentliche Interesse geraten.

Gegenwärtig fallen ca. 1,5 Millionen Tonnen elektrischer und elektronischer Geräte pro Jahr an, die - abgesehen von der „Weißen Ware" - weitestgehend auf Deponien abgelagert werden. Ein Grund dafür dürfte die „Mülltonnengängigkeit" der meisten elektronischen Geräte sein.

Seit Beginn der 90er Jahre wird zunehmend über eine Verwertung und geordnete Entsorgung nicht verwertbarer Rückstände nachgedacht. Sowohl im Bereich der Produktion als auch im kommunalen Bereich wurden und werden Konzepte entwickelt, mit deren Hilfe Produktionsabfälle bzw. Altgeräte in technisch realisierbare und wirtschaftlich vertretbare Materialkreisläufe zurückzuführen sind.

Aufgrund der komplexen Struktur vieler Geräte muß den verschiedenen kaltmechanischen, pyrometallurgischen und hydrometallurgischen Behandlungsprozessen eine Demontage bzw. Zerlegung vorgeschaltet werden, um einerseits sortenreine Materialien gewinnen zu können und andererseits die Geräte vor einer Weiterbehandlung von Schadstoffen zu entfrachten.

Insbesondere zum Thema Schadstoffe gibt es zum Teil beachtliche Wissensdefizite. Darum wurde in dem vorliegenden Werk der Versuch unternommen, eine systematische Übersicht über die Schadstoffe in elektrischen und elektronischen Geräten zusammenzustellen und diese hinsichtlich ihrer toxischen Wirkungen nach dem derzeitigen Wissensstand zu bewerten.

Die Recherchen zu diesem Werk wurden in dankenswerter Weise von der Deutschen Automobilgesellschaft mbH (DAUG), Braunschweig, unterstützt. Besonderer Dank gilt Herrn **Prof. Dr.-Ing. Christian Voy**, Geschäftsführer der DAUG, sowie Herrn **Dr. rer. nat. H.-R. Lotz** vom Bereich Umwelt und Verkehr. Ebenso sei dem Springer-Verlag für die gute und unkomplizierte Zusammenarbeit gedankt.
Möge dieses Buch allen denen eine Hilfe sein, die sich mit der Verwertung und Entsorgung von elektrischen und elektronischen Geräten beschäftigen bzw. die die umwelt- und recyclinggerechte Konstruktion dieser Geräte vorantreiben.

Wolfsburg, im April 1996   Joachim Schmidt

Inhaltsverzeichnis

Teil A Einleitung

Jährlich fallen 1,5 Mio t Elektroschrott an. Sie werden auf dem für Hausmüll üblichen Wege entsorgt, ohne daß dabei auf die entstehenden Gefahren für Mensch und Umwelt eingegangen wird. Dieses geschieht ungeachtet der vielen bislang veröffentlichten Berichte über Vergiftungen durch Umweltgifte, die u.a. auch in elektronischen Geräten und Bauteilen anzutreffen sind (z.B. Yshi-Yusi-Krankheit in Japan, bedingt durch zu hohe Cadmiumgehalte in der Umwelt). Ziel dieser Arbeit soll sein, auf die zum Teil äußerst toxischen Inhaltsstoffe, bzw. die bei verschiedenen Entsorgungsverfahren entstehenden oder frei werdenden Schadstoffe hinzuweisen und damit ein Umdenken sowohl bei der Produktion als auch bei den bisher gebräuchlichen Entsorgungsverfahren herbeizuführen. Desgleichen sollen die Migrationswege in die Umwelt und die Komplexität der verwendeten Verbundstoffe aufgezeigt werden.

Die Fraktion des Elektroschrottes ist deshalb von besonderer Bedeutung, weil diese die komplexe Problematik unseres Mülls enthält.

A.1 Spezielle Problematik des Elektroschrottes

- Werkstoffvielfalt
- Vielzahl von Fügestellen
- fehlende Übersicht über die einzelnen verwendeten Inhaltsstoffe
- fehlende Normierungen
- Schadstoffe wie Schwermetalle, Flammschutzmittel, PCB, Asbest, besondere mechanische Gefahren (Bildröhren), usw.
- fast alle Massengüter enthalten elektronische Baugruppen
- geringe Fertigungstiefe in Deutschland bzw. große Anzahl an importierten Elektrogeräten; dadurch nur beschränkter Einfluß des Gesetzgebers auf die Produktion der Gesamtheit aller Elektroprodukte

Die Stoffvielfalt und Komplexität der Fügestellen soll an zwei einfachen elektrischen Bauteilen verdeutlicht werden:

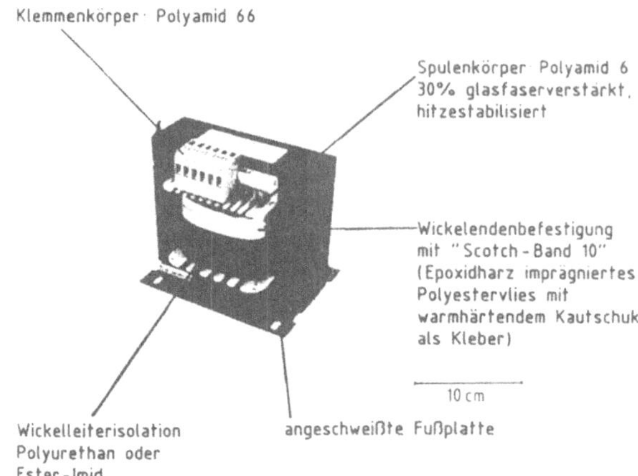

Bild 1: 50 VA Sicherheitstransformator, Siemens AG

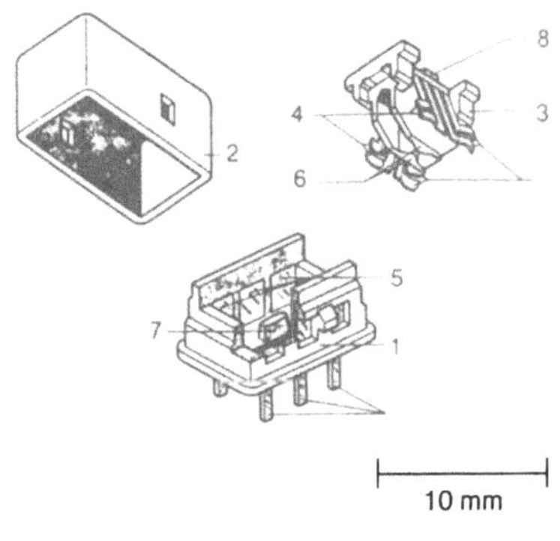

Bild 9: Miniaturschiebeschalter

1	Gehäuseunterteil	PBT GF 30
2	Abdeckkappe	PBT GF 30
3	Schieber	Polyamid 12 GF 30
4	Kontaktbrücken	Cu Be 2, vernickelt und partiell vergoldet
5	Festkontakte	Neusilber, vernickelt und partiell vergoldet
	Lötanschlüsse	verzinnt
6	Sattelwangen	(am Schieber)
7	Rastnocken	(am Gehäuseunterteil)
8	Betätigungsknopf	(am Schieber)

Bild 2: Elektronikminiaturschalter zum Einbau auf Leiterplatten

Teil B Toxikologie

B.1 Zum Begriff der Toxikologie

Toxikologie wird in Herders Volkslexikon mit "Lehre von den Giften und Gegengiften" bzw. mit "Teil der Pharmakologie" wiedergegeben [1]. Was aber sind Gifte?

Im allgemeinen Sprachgebrauch versteht man unter Gift einen Stoff, der allein durch seine Existenz und seine Erscheinungsform, also auf Grund seiner qualitativen Zusammensetzung, krankmachende Wirkungen hervorrufen kann. An der Krankheit Vergiftung erkrankt man tatsächlich erst dann, wenn die für jedes Toxin spezifischen Voraussetzungen erfüllt sind. In einem Reichsgerichtsurteil vom 14. Januar 1884 kommt die Problematik der eindeutigen Abgrenzung einer Stoffklasse, auf die sich der Begriff Gift anwenden läßt, zur Aussprache:

"Eine Substanz, welche lediglich durch ihre qualitative Beschaffenheit unter allen Umständen geeignet wäre, die Gesundheit zu zerstören, existiert nicht. Die gesundheitszerstörende Eigenschaft ist vielmehr eine relative. Sie ist nicht bloß von der Qualität, sondern auch von anderen Bedingungen, insbesondere von der Quantität des beigebrachten Stoffes und von der körperlichen Beschaffenheit der Person, welcher derselbe beigebracht worden ist, abhängig. Je nach der Verschiedenheit der in Frage kommenden Bedingungen kann derselbe Stoff bald als gesundheitszerstörend, bald als gesundheitsschädlich, bald als durchaus unschädlich, endlich sogar als Heilmittel erscheinen."[2]

Viele Substanzen haben je nach der einwirkenden Konzentration sowohl physiologische als auch toxische Bedeutung (Bild 1).

Zudem reagiert jeder Mensch verschieden auf eine Intoxikation. Bei ein und derselben Substanz zeigen Menschen in Abhängigkeit vom Alter unterschiedliche Empfindlichkeit. So wird bei Kindern eine altersabhängige Bewertung von Vergiftungserscheinungen durch den Arzneiwirkstoff Paracetamol beobachtet. Aus noch nicht vollständig geklärten Umständen verläuft die Vergiftung bei einem Alter unter 12 Jahren selten tragisch [4]. Desgleichen gibt es Unterschiede zwischen Fötus, Säugling und älteren Kindern in den Giftwirkungen. Das Arzneiwirkstoff Chloramphenicol wird von Neugeborenen wegen einer noch nicht voll funktionstüchtigen Glucuronyltransferase schlechter vertragen als von Erwachsenen. Die Ursache liegt in der langsameren Entgiftung beim Neugeborenen [2].

Natürlich spielt die körperliche Verfassung des Patienten (Streßsituation, anderweitige Erkrankung) zum Zeitpunkt der Vergiftung eine erhebliche Rolle für den Verlauf derselben.

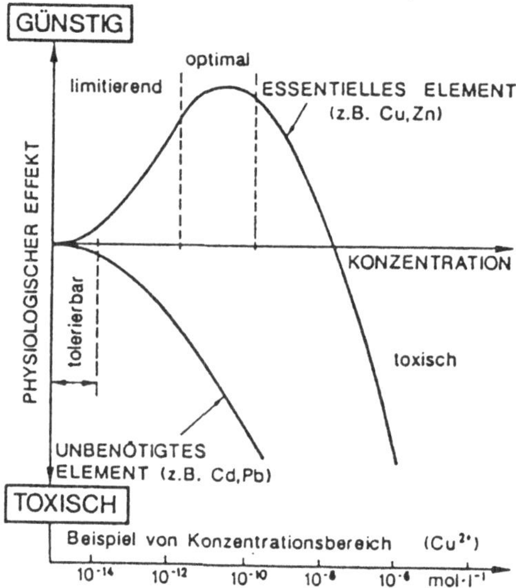

Bild 1: Dosis - Wirkungskurve von Kupfer und Zink. Bis zu einer bestimmten Konzentration benötigt der menschliche Organismus diese Substanzen. Bei Überschreiten dieser Dosis wirken die Metalle toxisch [3].

Insbesondere das Ausmaß chronischer Vergiftungen steht im direkten Zusammenhang mit der Dauer der Exposition. Bei Einwirkung des Giftes über einen langen Zeitraum, in dem die Ausscheidung geringer ist als die Giftaufnahme oder in dem der Körper einem anreicherungsfähigen Schadstoff (z.B. Furane, Dioxine) ausgesetzt wird, genügen weit kleinere Dosen um Erkrankungen herbeizuführen.

B.1.1 Ort des Gifteintrittes

Gifte gelangen über die Haut, die Atemwege sowie den Magen-Darm-Trakt in den Körper. Der Ort des Gifteintrittes in den Organismus entscheidet über die Geschwindigkeit der Resorption und Verteilung der Toxine. Über die Haut resorbierte Stoffe gelangen wesentlich langsamer an die lebenswichtigen Organe als beispielsweise intravenös gespritzte.

B.1.2 Art der Exposition

Des weiteren ist die Art der Exposition für den Vergiftungsverlauf von großer Bedeutung. Nickel in Form von Modeschmuck ist toxikologisch unbedenklich, sobald es aber partikulär in den menschlichen Organismus eingedrungen ist, entwickeln sich sehr schnell Symptome einer Vergiftung. Handcremes und Seifen unterstützen, ordnungsgemäß aufgetragen, die Schutzfunktion der Haut. Bei oraler Aufnahme größerer Mengen lösen sie jedoch toxische Reaktionen aus.

B.2 Abgrenzung zwischen Toxinen und Krankheitserregern

Obwohl Toxine auch Krankheiten erzeugen, dürfen sie nicht den Krankheitserregern gleichgestellt werden.

Während Erreger lebende Mikroorganismen darstellen, die Fortpflanzung betreiben und in Lebewesen eigene Populationen entwickeln, sind Gifte "unbelebte" Substanzen, die bedingt durch ihre toxischen Eigenschaften Lebewesen schädigen. Jedoch können das Vorhandensein von Erregern und das Erkranken durch Giftbildung eng miteinander verknüpft sein. Als Beispiel sei hier der Botulismus (Lebensmittelvergiftung durch Staphylokokken) genannt, dessen Bakterien in Nahrungsmitteln Gifte bilden, die dann beim Menschen die Nahrungsmittelvergiftung auslösen.

Ausgegrenzt aus dem Krankheitsbild der Vergiftungen werden zudem alle thermischen und grobmechanischen Einwirkungen von ansonsten giftigen Stoffen. Sie werden der Gruppe der Verletzungen zugeordnet. Verbrennungen durch heiße Öle oder Hautverletzungen durch Metallspäne gelten allgemein nicht als Vergiftung.

B.3 Parameter zur Beurteilung der Auswirkung eines Giftes

Zusammenfassend können für die Beurteilung eines Giftes und zur Abschätzung der Auswirkungen auf Individuen folgende Parameter herangezogen werden:

- die Art des Giftstoffes
- die Giftempfindlichkeit des Individuums
- die aufgenommene Giftmenge
- die Expositionsdauer
- die Einwirkungsform
- der Einwirkungsort

- Wechselwirkungen mit anderen Stoffen oder Einwirkungen, denen das Individuum ausgesetzt ist, z.B. verstärkende Giftwirkung von Barbituraten bei Alkoholmißbrauch oder die Auswirkungen des "sauren Regens" auf das Waldsterben in Abhängigkeit des Boden-pH-Wertes
- das Resorptionsverhalten des Schadstoffes:
  Der Magen resorbiert Arsenik in Pulverform schlechter, als eine Arseniklösung [2]
- das Distributionsverhalten im Organismus
- das Entgiftungsverhalten des Individuums (Metabolismus, Ausscheidung)
- das Akkumulationsverhalten
- biologische Abbaubarkeit, z.B. biologische Halbwertszeiten
- Art der Wirkung auf Lebewesen
  - wachstumshemmend
  - erbgutschädigend
  - Zerstörung der Lebensgrundlage
- Art der Wirkung auf bestehende Gleichgewichte in der Natur und dementsprechende indirekte Schädigungen durch Beeinträchtigung des Lebensraumes von Organismen, wie
  - pH-Wert Änderung
  - Atmosphärische Auswirkungen
- bio-chemische Verfügbarkeit des Giftstoffes
- Mobilität:
  - chemisch; z.B. Löslichkeit, Beständigkeit
  - physikalisch; z.B. Korngröße
- Affinität zu bestimmten chemischen Verbindungen; z.B. Kohlenmonoxid zu Hämoglobin

Die Bewertung der Toxizität von Schadstoffen für die Umwelt kann mit der Grundgleichung für die Gefahrenabschätzung durch menschliches Handeln zusammengefaßt werden:

$$\boxed{Gef\ddot{a}hrdungspotential = f\left(Exposition, Wirkung\right)}$$

B.4 Elimination von Toxinen

Mit Elimination von Toxinen werden alle Vorgänge der Entgiftung des Körpers umschrieben. Dabei werden die Gifte entweder entfernt oder derart umgewandelt, daß ihre toxische Wirkung verschwindet. Die Elimination beruht auf drei Vorgänge:
- Metabolismus
- Speicherung
- Ausscheidung (Exkretion) [2]

B.4.1 Metabolismus

Metabolismus bezeichnet einen Stoffwechselvorgang des Organismus, der Grundstoffe in andere Substanzen umwandelt. Bei der Elimination von Toxinen metabolisiert der Körper Gifte in unwirksame Stoffe. Folgende Reaktionen sind im wesentlichen am Giftmetabolismus beteiligt [zitiert aus 2]:

- oxidative Prozesse, z.B.
  - an Seitenketten (Barbiturate),
  - an aromatischen Ringen (Benzol),
  - von Alkohol und Aldehyden (Äthylalkohol, Acetaldehyd) u.a.
  - um oxidative Demethylisierung (Pethidin),
  - um oxidative Desulfurierung (Parathion) u.a.
- Reduktionsreaktionen, z.B.
  - an Nitrogruppen (Nitrobenzol)
  - von Aldehyden (Chloralhydrat) u.a.
- Hydrolysen, z.B.
  - von Estern (Insektizide, Phosphorsäureester)
  - von Säureamiden (Dimethoate) u.a.
  - synthetische Reaktionen, z.B.
  - Glukuronidbildung (Phenol),
  - Schwefelsäureesterbildung (Phenol),
  - Acetylierung (Sulfonamide)
  - Mercaptursäurebildung (Naphthalin) u.a.

B.4.2 Speicherung

- Speicherung im Fettgewebe

B.4.3 Ausscheidung

- Entgiftungsmechanismen in Leber und Nieren
- Entgiftung durch Transpiration. Alkohol wird zum Teil über die Haut abgegeben.
- Entgiftung durch Erbrechen

B.5 Migrationswege von Schadstoffen

Nur die Schadstoffe sind letztendlich von Bedeutung, die bei Prozessen der Produktion, des Gebrauches oder danach auf irgendeine Art in die Umwelt entweichen können. Deshalb muß in allen Produktlebensphasen, eben auch bei der Entsorgung und Verwertung, eine kontrollierte Behandlung gewährleistet sein. Dies setzt die Kenntnis der Gefahren und des fachmännischen Umgangs mit den jeweiligen Schadstoffen voraus.

B.5.1 Wege, die Schadstoffe nehmen können, um in die Umwelt zu gelangen:

- Diffusion (ausdiffundieren bromierter Dioxine und Furane aus mit Flammhemmer behandelten Kunststoffen)
- Staubaustrag (Verbrennung, Verwirbelung)
- Lösen durch Lösemittel (Oberflächenwasser, andere vorhandene Lösemittel)
- Verdampfen/Verflüchtigen (Kontaktwerkstoffe, Schadstoffe mit niedrigem Siedepunkt)
- Elektrolytische Vorgänge (Korrosion, Zersetzungsvorgänge)
- Adsorption (stark kohlenstoffhaltiger Staub reichert Schadstoffe an, adsorptive Anreicherungen in Böden von Produktionsstätten und Lagerhalden)
- Abrieb durch mechanische Beanspruchung
- Bearbeiten, Zerkleinern und Aufarbeiten von elektrotechnischen Geräten (Verkapselungen und Dichtungen werden aufgebrochen)
- Ausgasung von Schadstoffen aus Kunststoffen
- Aufwirbelung (nicht gekapselte Shredderanlagen, Windflug)
- Oberflächen- und Sickerwässer können Schadstoffe eluieren, lösen oder verschleppen
- Gehäuseundichtigkeiten, z.B. PCB-haltige Kondensatoren

B.6 Literaturquellen

[1] Herders Volkslexikon, farbig. 5. Auflage, Herder, Freiburg im Breisgau (1963), 1802 ül.
[2] Wirth, W.; Hecht, G.; Gloxhuber, C.: Toxikologie-Fibel. 2. Auflage, Georg Thieme, Stuttgart (1971), 1 - 8.
[3] Prof. Dr. Brüdgam: Aus dem Skript zur Vorlesung „Automobilrecycling" an der FH Braunschweig/Wolfenbüttel, Standort Wolfsburg.
[4] MSD Manual der Diagnostik und Therapie. 4. Auflage, Deutsche Bearbeitung, Urban & Schwarzenberg, München (1988), S. 1677.

Teil C Erkrankung durch Staubexposition

C.1 Definition von Staub und sein Vorkommen

Fellenberg [4] definiert Staub als sedimentierbare Feststoffpartikel mit Korngrößen > 1 µm, die chemisch nicht charakterisierbar sind. Die Beschaffenheit von Stäuben reicht von rein mineralischen Substanzen über Pollenkörper bis hin zu undefinierbaren Gemischen, bei denen organische Verbindungen vertreten sind. Die jeweilige Zusammensetzung unterliegt sowohl lokalen als auch regionalen und saisonalen Gegebenheiten. In einer Maschinenhalle, in der Elektroschrott geshreddert wird, setzt sich der Staub anders zusammen als auf einem Sammellager desselben Schrottes, das bei frühsommerlichem Wetter im Freien liegt und zusätzlich dem Pollenflug ausgesetzt ist.

Mit Staubbelastungen muß bei den mechanischen Bearbeitungsverfahren der Herstellung und Entsorgung ebenso gerechnet werden wie bei Wartungs- und Instandsetzungsarbeiten.

Die dabei anzutreffenden Staubzusammensetzungen sind von prinzipiell unterschiedlicher Natur. Die Stäube der Herstellungsverfahren sind dabei am einfachsten zu charakterisieren, da alle Materialien und deren Prozeßparameter beschreibbar sind. Beim Entsorgen bereiten sowohl die Werkstoffvielfalt als auch das fehlende Wissen um deren Zusammensetzung große Schwierigkeiten. Die Staubfraktion von komplexeren elektronischen Geräten ist deshalb schwer beschreibbar und auf Grund eventuell enthaltener Giftstoffe als Problemstoff anzusehen.

C.1.1 Hausstaub

Ein anderes Problem stellt der Staub aus der Umgebung dar. Er sammelt sich durch Sedimentation auf Grund unterschiedlicher Strömungsverhältnisse in den Geräten an. Die Kühllüfter begünstigen den Luftaustausch und somit auch die Staubanreicherungen. Aber auch durch elektrostatische Effekte, Filterwirkung und

Adsorption kommt es im Laufe der Gebrauchszeit zu oft erheblichen Ansammlungen. Nach *Borneff* [3] gestaltet sich die Großstadtluft äußerst vielgestaltig. Neben den am häufigsten anzutreffenden Stoffen, wie Silizium, Schwefel, Kalzium, Eisen, Aluminium, Kalium und Natrium ließen sich insbesondere Magnesium, Blei, Brom, Zink und Mangan dokumentieren.

Zwar bewegen sich die Stoffkonzentrationen in der Regel unter den entsprechenden Grenzwerten (Tabelle 1), aber kritische Konzentrationen in sedimentiertem Staub sind durchaus möglich. Besonders bei hausstaubbesetzten Strömungswegen des Luftkühlsystems kann es auf Grund der relativ großen Oberfläche der organischen Staubschlieren zu adhäsiven Anreicherungen von Luftinhaltsstoffen kommen. Die abgelagerten Stäube werden beim Öffnen der Elektrogeräte mobilisiert und belasten in konzentrierter Form den Arbeitsplatz.

Bei der Demontage eines Druckers (IBM - Drucker 5256) wurde eine Staubfraktion von 20 g gewogen. Dies entspricht immerhin 0,7 Massen-% vom Gesamtdemontagegewicht. Auf Grund der Installation in einem Büro dürfte diese Staubfraktion im wesentlichen aus Hausstaub bestehen. Offensichtlich sind die Gründe für die Ablagerung in unterschiedlichen Strömungsgeschwindigkeiten des Kühlluftstromes und der elektrostatischen Anziehungskraft zwischen Staubpartikel und elektrischen Bauteilen zu finden.

Tabelle 1: Auszug einer Staubanalyse aus dem Stadtbereich von Karlsruhe im Zeitraum von März 1974 bis Februar 1976   im Vergleich zu den MAK-Werten.

gemessener Stoff	2-Jahresdurch-schnittswert [7] $[\mu g/m^3]$	max. Monatswert [7] $[\mu g/m^3]$	MAK - Wert [8] $[\mu g/m^3]$
Aluminium	0,686	1,618	6000
Blei	0,372	0,602	100
Brom	0,54	0,116	700
Mangan	0,039	0,068	5000
Kupfer	0,015	0,030	1000
Antimon	0.0035	0,006	500
Silber	0,0003	0,0005	10
Uran	0,0001	0,0003	250
Hafnium	0,00005	0,0001	500
Tantal	0,00003	0,00005	5000

C.2 Auswirkungen der Staubexposition

C.2.1 Auswirkungen auf den Menschen

Hinsichtlich der Gefährdung der Menschen können drei grundlegend unterschiedliche Schädigungsstrategien beschrieben werden:

- Erkrankung auf Grund spezifischer toxischer Eigenschaften der Exponate
- Erkrankung auf Grund der inhalierten Menge
- Erkrankung auf Grund allergischer Reaktionen (Teil D)

Rebohle [6] geht davon aus, "daß es unschädliche Staubarbeiten nicht gibt, sofern die Staubeinatmung intensiv und lang genug ist." Selbst Staubfraktionen, denen weder allergische, kanzerogene, silikogene oder asbestogene Wirkungen zugeschrieben werden, können eine chronische Staubbronchitis hervorrufen.

Für die Entwicklung von Lungenkrankheiten sind nur lungengängige Stäube von Bedeutung. Als "lungengängig" definiert *Borneff* Korngrößen unter 5µm [1]. Größere Partikel werden durch diverse Reinigungsmechanismen der Atemwege vor der Lunge abgefangen und ausgetragen. Aber auch selbst die in die Lunge eingedrungenen Staubpartikel werden teilweise wieder entfernt. So findet über den Mechanismus der Flimmerepithel ein Austragen der Staubpartikel mit einer Geschwindigkeit von 12 bis 15 mm pro Minute statt. Teilchen unter 3 µm werden dabei zuerst von Abwehrzellen aufgenommen und durch Atmungsbewegungen auf einem Flüssigkeitsfilm zu den Flimmerepithel geleitet. Dies erklärt die relativ geringe Belastung von Steinkohlebergleuten. Trotz dreißigjähriger Berufszeit fanden sich anstatt erwarteten 110 g Feinstaub nur 18 g [2]. Prinzipiell bewirkt eine gesteigerte inhalative Aufnahme von Staubpartikeln eine Anpassung des Organismus über eine Aktivitätssteigerung der Reinigungsmechanismen der Atemwege. Da dies von Mensch zu Mensch unterschiedlich ist, erkranken nie alle exponierten Personen gleichermaßen.

Des weiteren sind folgende Parameter für die Erkrankung der Atemwege von Bedeutung:

- Einwirkungsdauer
- Tätigkeit während der Exposition (z.B. starke körperliche Anstrengung)
- Summierung von Schadstoffen in der Umgebung (Rauchen, Umweltverschmutzung)
- Empfindlichkeit des Individuums
- erkrankungsfördernde Randbedingungen (erbliche Veranlagung für bestimmte Atemwegsbeschwerden)
- Staubkonzentration
- Staubzusammensetzung
- Antagonismus

Die erste Reaktion des Körpers auf eine erhöhte Staubinhalation stellt die gesteigerte Auswurftätigkeit dar. Sie ist in erster Linie noch keine Erkrankung, sondern eine Schutzfunktion der Lunge. Im weiteren Verlauf kann es zu nahezu allen bekannten Erkrankungen der Atemwege kommen, bis hin zu einer lungenindizierten Rechtsherzbelastung. Zusätzlich können Vergiftungen durch dafür prädestinierte Staubinhaltsstoffe auftreten.

Bei der Einwirkung von Substanzen mit geringerer akuter Schädlichkeit treten im allgemeinen chronische Krankheiten erst nach über zehnjähriger Belastung auf, z. B. durch berufliche Exposition mit Grenzwerten oberhalb der MAK-Werte, wogegen Schadstoffe mit intensiver Gesundheitsschädigung schon nach kurzer Zeit Beschwerden hervorrufen können [5].

C.2.2 Auswirkungen auf Pflanzen und Böden

Bei Verunreinigung über Nahrungskette, Böden und Wasseraufnahme wird die Giftwirkung der Schadstoffe bis zur Giftaufnahme oft schon durch komplexbildende Vorgänge gemindert.

Dieses entfällt bei der direkten Kontamination über den Luftweg. Die Schadstoffe können direkt von der Pflanze resorbiert werden.

Hohe Staubbelastungen behindern, die toxischen Wirkungen der einzelnen Inhaltsstoffe nebenangestellt, das Pflanzenwachstum durch Ablagerungen auf Blättern und Nadeln. Beeinträchtigung von Photosynthese und Atmung sind die Folge.

Hygroskopische Staubablagerungen können bei ausreichender Auflageschicht den Pflanzen Wasser entziehen.

Nicht zuletzt sind gerade Luftemissionen für den Anstieg der Schwermetallkonzentrationen in den Böden maßgeblich verantwortlich.

C.3 Literaturquellen

[1] Borneff, J.: Hygiene. Ein Leitfaden für Studenten und Ärzte. 4. Auflage, Georg Thieme, Stuttgart (1982), S. 312.

[2] Borneff, J.: Hygiene. Ein Leitfaden für Studenten und Ärzte. 4. Auflage, Georg Thieme, Stuttgart (1982), S. 334.

[3] Borneff, J.: Hygiene. Ein Leitfaden für Studenten und Ärzte. 4. Auflage, Georg Thieme, Stuttgart (1982), S. 314.

[4] Fellenberg, G.: Chemie der Umweltbelastung. B. G. Teubner Stuttgart (1990), S. 16.

[5] Konetzke, G.W.; Rebohle, E.; Heuchert, G.: Berufskrankheiten. Gesetzliche Grundlagen zur Meldung, Begutachtung und Entschädigung. 3. Auflage, VEB Verlag Volk und Gesundheit, Berlin. (1988), S. 132.

[6] Konetzke, G.W.; Rebohle, E.; Heuchert, G.: Berufskrankheiten. Gesetzliche Grundlagen zur Meldung, Begutachtung und Entschädigung. 3. Auflage, VEB Verlag Volk und Gesundheit, Berlin. (1988), S. 149.

[7] Borneff, J.: Hygiene. Ein Leitfaden für Studenten und Ärzte. 4. Auflage, Georg Thieme, Stuttgart (1982), S. 316 f.

[8] Baum, F.: Luftreinhaltung in der Praxis. R. Oldenbourg Verlag GmbH , München. (1988), S. 976 - 1019.

Teil D Abgrenzung der Allergien vom Krankheitsbild der Vergiftung

Das Krankheitsbild der allergischen Reaktion unterscheidet sich grundlegend von dem der Vergiftung. Folgende Ausführungen beschränken sich auf eine kurze Beschreibung, die den Unterschied einer allergischen Reaktion und einer Erkrankung durch Schadstoffeinwirkung hervorheben soll.

D.1 Wirkungsweise des Immunsystems

Das menschliche Abwehrverhalten setzt sich aus spezifischen und unspezifischen Mechanismen zusammen. Sie sollen den Organismus vor Krankheitserregern und vor der Anreicherung körperfremder Substanzen schützen. Während die unspezifische Reaktion einen allgemeinen ersten "Abwehrring" darstellt, folgt die spezifische Immunantwort einem komplizierten System aus Identifizierung des Fremdstoffes und Entwicklung einer Immunantwort. Die spezifische Abwehr ergänzt die unspezifische bei Aufgaben der Infektbekämpfung, bzw. Eliminierung von Fremdstoffen.

D.1.1 Aktivierung des Immunsystems

Das Immunsystem wird durch körperfremde Eiweißverbindungen aktiviert. Diese können sowohl als solche komplett in den Menschen eindringen oder durch Anlagerung körperfremder eiweißfreier Substanzen, sogenannter Haptene, an körpereigenem Eiweiß entstehen. Nach dem Erstkontakt mit einer "fremden" Eiweißverbindung werden für die jeweilige Abwehrreaktion spezifizierte Abwehrzellen gebildet. Diese vermehren sich wiederum solange, bis ihre Anzahl zur Kontrolle der eingedrungenen Substanzen ausreicht. Dabei setzt der Körper eine Vielzahl der unterschiedlichsten Wirkungsmechanismen in Gang. Das Binden der eingedrungen Stoffe an Antikörper gehört ebenso dazu wie das Aktivieren von "Freßzellen" bis hin zu allgemeinen Körperreaktionen wie Temperaturerhöhung oder Steigerung der Durchblutung.

Bei grippalen Infekten geschieht dies z.B. meist im Zeitraum von ein bis zwei Wochen.

D.1.2 Sensibilisierung

Nach Abklingen dieser Reaktion bleiben je nach Krankheitserreger einige wenige Zellen, die sogenannten Gedächtniszellen mit einer genetischen Information der jeweiligen Immunantwort im Organismus erhalten.

Der erste Kontakt der körpereigenen Immunabwehr mit dem Fremdstoff und das Anlegen von Gedächtniszellen wird als Sensibilisierung des Körpers bezeichnet. Sie soll bei erneutem Kontakt mit einem einmal "abgespeicherten" Erreger eine Erkrankung verhindern, bzw. den Verlauf derselben mildern. Im Laufe des Lebens legt der Körper so eine Datenbank über abzuwehrende körperfeindliche Substanzen an.

D.2 Allergische Reaktion

Bei allergischen Reaktionen findet der gleiche Ablauf von Sensibilisierung und Abwehrverhalten des bei Infektionen bewährten Verfahrens statt. Nur handelt es sich bei den eingedrungenen Substanzen nicht um primär körperfeindliche, sondern vom Immunsystem irrtümlich als solche identifizierte Stoffe.

Außerdem besitzt jeder Organismus eine andere Empfindlichkeit gegenüber diesen Fremdstoffen. So zeigt nicht jeder Mensch bei Kontakt mit einem Allergen allergische Reaktionen.

Anders verhält es sich bei Vergiftungserkrankungen. Hierbei sind zwischen den Individuen nur Unterschiede bezüglich der bis zu den ersten Krankheitszeichen tolerierten Menge gegeben, nicht jedoch bei der Frage der Erkrankung im allgemeinen. Sie steht immer im Verhältnis zur aufgenommenen Menge, während zum Ausbruch einer Allergie geringste Mengen ausreichen.

D.2.1 Eindringen von Allergenen in den menschlichen Körper

An sich für den Menschen unschädliche Substanzen passieren Abwehrschranken wie Haut und Filterhäärchen an Wimpern und Nase, oder treffen über die Schleimhäute direkt mit der spezifischen Körperabwehr zusammen.

Dies setzt eine Möglichkeit zur Umgehung der mechanischen Abwehrschranken voraus. Dafür müssen die Partikel die entsprechende Größe haben oder der körpereigene mechanische Schutz geschwächt sein. Außerdem benötigen die Allergene ein entsprechendes Transportmedium wie Luft oder Flüssigkeiten.

Nach einer Sensibilisierung beim Erstkontakt ist die Aktivierung des Immunsystems die Folge.

Teil E Allgemeines zur Toxizität von Kunststoffen

(Die Problematik des Elektroschrottes am Beispiel ausgewählter Themen der Kunststoffraktion)

E.1 Allgemeines

Auf Grund der hochpolymeren Struktur auspolymerisierter Kunststoffe und der damit verbundenen Unlöslichkeit in wäßrigen Systemen, was zu einer eingeengten Mobilität führt, können diese Werkstoffe als gesundheitlich unkritisch eingestuft werden. Bedenklich hinsichtlich toxischer Eigenschaften sind im wesentlichen:

- Kunststoffadditive
- Restmonomere
- Polymerrohstoffe
- unerwünschte Polymerisationsnebenprodukte (z.B. bromierte Dioxine und Furane bei bromierten Flammhemmern)
- Zersetzungs- und Abbauprodukte

Neben diesen Nebenprodukten und Teilpolymeren sind vor allem die dem Plastrohstoff zugesetzten Additve für schädliche Umweltauswirkungen verantwortlich. Für die unterschiedlichsten Modifikationen behilft man sich mit diesen Zusätzen. Die Palette reicht von Substanzen, die allein zur Herstellung benötigt werden, wie Lösungsmittel, Treibmittel, Gleit- und Trennmittel über produktspezifische Hilfsmittel wie Füllstoffe, Antistatika, Farbmittel, Weichmacher, Griffverbesserer, Stabilisatoren, Flammhemmer bis hin zu Beimischungen, die durch den Verarbeitungsweg gekennzeichnet sind, wie z.B. Klebstoffreste.

E.2 Erweiterte Problematik der Schadstoffe in Plasten

Belastete Altkunststoffe nehmen nicht nur durch ihre schädlichen Nebenwirkungen direkt Einfluß auf die Umwelt, sondern kommen mit der fortschreitenden Verschärfung der internationalen Umweltgesetzgebung in den Status des Sondermülls. D.h., ein Aufarbeiten oder Wiederverwenden dieser Altplaste wird vom Gesetzgeber unterbunden. In verschiedenen europäischen Ländern liegen entsprechende Verordnungen zur Ratifizierung bereit. Als Beispiele seien die Elektroschrott-Verordnung (BRD), der EG-Richtlinienentwurf über ein de facto Vermarktungsverbot von Penta- , Okta- und Dekabromdiphenylethern (PBDE) und die Diskussion in den Niederlanden über ein Verbot von PBDE genannt. Mit dem Verbot dieser Additive wird ein rapides Anwachsen der Problemmüllfraktion verbunden sein, das zu einer weiteren Verknappung der ohnehin beschränkten Entsorgungskapazitäten für Sonderabfälle führt. Vor dem Hintergrund explodierender Entsorgungskosten sollten die Hersteller und Vertreiber von Kunststoffmaterialien ein Augenmerk auf die Substitution von bedenklichen Plastadditven legen.

E.3 Flammhemmer in Kunststoffen

Halogenierte Flammhemmer liefern bei thermischer Aufschließung der molekularen Bindungen die Chlor- bzw. die Bromverbindungen zur Dioxin- und Furanbildung. Besonders bei der thermischen Müllbehandlung finden derartige Reaktionen verstärkt statt. Zwar können abgasreinigungstechnische Maßnahmen die Grenzwerte in aller Regel einhalten, doch findet immer eine Summierung der Schadstoffe in der Umwelt statt. Bei dem durch die TA-Siedlungsabfall geprägten Wegweisung in Richtung Müllverbrennung und dem dadurch bedingten Ansteigen der thermischen Abfallbehandlung wird es zu einer verstärkten Dioxin- und Furanemission kommen. Eine effektive höhere Gesamtbelastung der Umwelt ist die Folge. Da Dioxine und Furane sich im Organismus über längere Zeiträume anreichern, folgt der höheren Umweltbelastung auch eine erhöhte Anreicherung im Organismus.

E.3.1 Flammschutzmittel entscheiden über die Wiederverwertbarkeit

Erläuterung des Einflusses unterschiedlicher Flammschutzadditive auf die Umweltverträglichkeit am Beispiel der bromierten Flammhemmer Tetrabrombisphenol-A (TBBPA) und polybromierten Diphenylethern (PBDE) [1]:

Zu diesem Zweck wurden ABS-Proben aus Büromaschinengehäusen mit PBDE- und TBBPA-Additiven, bzw. mit einem Gemisch aus beiden untersucht. Die Proben wurden vor und nach einer Weiterverwertung massenspektroskopisch auf bromierte Dioxine und Furane kontrolliert. Aus meßtechnischen Gründen können die Meßwerte nur qualitativ beurteilt werden. Die Summenwerte 1-4 und 1-8 werden über Relationszeichen (>,<) dem in der Dioxin-Verordnung angegebenen Grenzwert gegenübergestellt.

Schon bei der Herstellung von Kunststoffprodukten mit bromierten Flammhemmern aus polybromierten Diphenylethern entstehen bromierte Dioxine und Furane, deren Werte (Tabelle 1) über den Grenzwerten der geplanten Dioxin-Verordnung (Bild 1) liegt. Im Gegensatz dazu bleiben die Dioxin- und Furanwerte von Tetrabrombisphenol-A unter den Grenzwerten (Tabelle 2). Bei Recyklaten, die Mischfraktionen aus Kunststoffen mit größeren Anteilen an PBDE-haltigen Flammhemmern enthalten, überschreiten die Probenmeßwerte die Grenzwerte ebenfalls (Tabelle 3).

Zudem können die bei der Herstellung entstandenen bromierten Dioxine und Furane aus den Kunststoffen herausdiffundieren. Dies belegen Studien des Umweltbundesamtes, des Hamburger Amtes für Umweltuntersuchungen und der Berliner Umweltverwaltung [2].

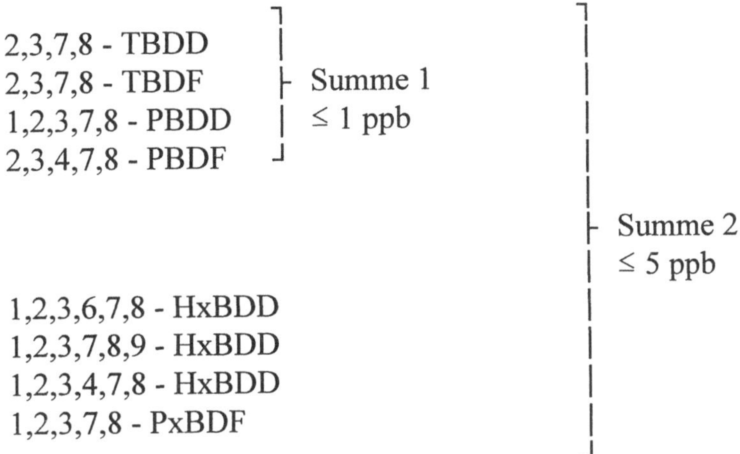

Bild 1: Grenzwerte für die Entwurfsverfassung der Dioxin-Verordnung des Bundesumweltministeriums vom 20.01.1992 für bromierte Dioxine und Furane [1]

Tabelle 1: Bildung von bromierten Dioxinen und Furanen in PBDE-haltigem ABS in Neuteilen und nach der Wiederverwertung [1]

Probe:	ABS mit polybromierten Diphenylethern als FR - Additiv			
	Herkömmliches Analysenverfahren mit niederauflösender Massenspektrometrie			
	Formteil - neu	Formteil - alt		
Verarbeitungsschritte:	Erstverarbeitung	Erstverarbeitung	nach Recompoundierung	nach Recompoundierung und Abspritzung
Gehalt [ppb]				
2,3,7,8 - TBDD	n.n. < 0,2	n.n.< 0,2	n.n.< 0,2	n.n.< 0,5
1,2,3,7,8 - PBDD	6	1	2	3
2,3,7,8 - TBDF	2	4	7	4
2,3,4,7,8 - PBDF	n.a.	n.a.	n.a.	n.a.
Σ 1 - 4	>> 1	>> 1	>> 1	>> 1
1,2,3,4,7,8 - HBDD + 1,2,3,6,7,8 - HBDD	25	6	20	50
1,2,3,7,8,9 - HBDD	< 2	5	7	8
1,2,3,7,8 - PBDF	n.a.	n.a.	n.a.	n.a.
Σ 1 - 8	>> 5	>> 5	>> 5	>> 5

n.n. = nicht nachweisbar
<   = leichte Überlagerungen des Signals durch unbekannte Begleitkomponenten
n.a. = Bestimmung gestört; starke Überlagerung durch unbekannte Komponenten

Tabelle 2: Bildung von bromierten Dioxinen und Furanen in TBBPA-haltigem ABS in Neuteilen und nach der Wiederverwertung [1]

Probe:	ABS mit Tetrabrombisphenol - A als FR - Additiv		
	Verbessertes Analysenverfahren mit hochauflösender Massenspektrometrie		
Verarbeitungsschritte:	Granulat	Regranulat nach Recompoundierung	Formteil nach Recompoundierung und Abspritzung
Gehalt [ppb]			
2,3,7,8 - TBDD	n.n. < 0,05	n.n. < 0,05	n.n. < 0,05
1,2,3,7,8 - PBDD	n.n. < 0,05	n.n. < 0,05	n.n. < 0,05
2,3,7,8 - TBDF	n.n. < 0,05	n.n. < 0,05	n.n. < 0,05
2,3,4,7,8 - PBDF	n.n. < 0.2	n.n. < 0,2	n.n. < 0,5
Σ 1 - 4	<< 1	<< 1	<< 1
1,2,3,4,7,8 - HBDD + 1,2,3,6,7,8 - HBDD	n.n. < 0,05	n.n. < 0,05	2
1,2,3,7,8,9 - HBDD	n.n. < 0,05	n.n. < 0,05	n.n. < 0,05
1,2,3,7,8 - PBDF	n.n. < 0,05	n.n. < 0,05	0,4
Σ 1 - 8	<< 5	<< 5	<< 5

n.n. = nicht nachweisbar
<   = leichte Überlagerungen des Signals durch unbekannte Begleitkomponenten

Tabelle 3: Bildung von bromierten Dioxinen und Furanen in einer Elektronik-Schrott-Mischfraktion aus mit Flammhemmern behandeltem ABS [1]

Probe:	Gemischter Elektronik - Schrott					
	Herkömmliches Analysenverfahren mit niederauflösender Massenspektrometrie					
	ohne Shielding			mit Shielding		
Verarbeitungsschritte:	Formteil nach Erst-verarbeitung	Regranulat nach Recom-poundierung	Formteil nach Zweit-verarbeitung	Formteil nach Erst-verarbeitung	Regranulat nach Recom-poundierung	Formteil nach Zweit-verarbeitung
Gehalt [ppb]						
2,3,7,8 - TBDD	0,9	n.n. < 0,2	0,6	< 1	0,8	1
1,2,3,7,8 - PBDD	4	0,6	2	3	4	4
2,3,7,8 - TBDF	< 1	n.n. < 0,2	n.n. < 0,5	2	2	2
2,3,4,7,8 - PBDF	n.a.	n.a.	n.a.	n.a.	n.a.	n.a.
$\sum$ 1 - 4	>> 1	n.a.	>> 1	>> 1	>> 1	>> 1
1,2,3,4,7,8 - HBDD + 1,2,3,6,7,8 - HBDD	< 10	4	3	< 10	13	3
1,2,3,7,8,9 - HBDD	< 10	3	2	< 10	7	2
1,2,3,7,8 - PBDF	n.a.	n.a.	n.a.	n.a.	n.a.	n.a.
$\sum$ 1 - 8	n.a.	>> 5	>> 5	n.a.	>> 5	>> 5

n.n. = nicht nachweisbar
< = leichte Überlagerungen des Signals durch unbekannte Begleitkomponenten
n.a. = Bestimmung gestört; starke Überlagerung durch unbekannte Komponenten

Ein nennenswerter Anstieg der Dioxin- und Furanbelastung durch weitere thermische Beanspruchung läßt sich nicht nachweisen (Tabelle 3).

E.3.2 Fazit

Da beide Additive auf dem Markt vertreten sind, ergibt sich eine beschränkte Wiederverwertbarkeit von Kunststoffen, die im Verdacht stehen, mit Flammhemmern behandelt zu sein.

Bei Plasten, die mit polybromierten Diphenylethern behandelt sind, muß vor dem Hintergrund der Dioxin-Verordnung von einer Weiterverarbeitung abgesehen werden, während mit Tetrabrombisphenol-A behandelte Materialien bei der Weiterverarbeitung die Grenzwerte einhalten. Eine Verwertung kann also nur bei genauer Kenntnis der verwendeten Flammhemmer durchgeführt werden.

E.4 Stabilisatoren in Kunststoffen

E.4.1 Untersuchungen an Methylzinnstabilisatoren hinsichtlich Migrationsverhalten und Toxikologie

In Lebensmittelverpackungen und Bedarfsgegenständen aus PVC kommt vor allem der Di-n-oktylzinndithioglykol-säure-2-äthylhexylester als Stabilisator zum Einsatz. Seine Vorteile liegen in der geringen Migrationsneigung und Toxizität.

Trotz guter Stabilisierungswirkung finden die homologen Alkylzinnverbindungen keine Anwendung, da bei Abnahme der Alkylreste die Toxizität stark zunimmt [3].

Trimethylzinnverbindungen weisen noch höhere toxische Eigenschaften auf und sind deshalb strikten Grenzwerten (< 0,5% im Stabilisatorgemisch) unterworfen [3].

Tabelle 4: Toxizität ausgewählter Organozinnverbindungen [3]

Verbindung	LD$_{50}$ -Wert (mg/kg Ratte)	No-effect-level (mg/kg Ratte)	ADI-Zahl (mg/kg Mensch)	Tägliche Aufnahme bei 500 g verpackten Lebensmitteln[1] (mg/kg Mensch)
Methylzinnstabilisator (Mono- und Dimethylzinnthio-glykolsäure-2-äthyl-hexylester)	1145...2150	5,0	0,05	0,025
Oktylzinnstabilisator (Di-n-oktylzinndithioglykolsäure-2-äthylhexyl-ester)	1900...2100	0,65	0,0065	0,0042
Monomethylzinntrithiogly-kolsäure-2-äthylhexylester	1261	keine Angaben	keine Angaben	keine Angaben
Dimethylzinndithioglykol-säure-2-äthylhexylester	1380	keine Angaben	keine Angaben	keine Angaben
Trimethylzinnthioglykol-säure-2-äthylhexylester	20,4	keine Angaben	keine Angaben	keine Angaben
Thioglykolsäure-2-äthylhexylester	390	keine Angaben	keine Angaben	keine Angaben

[1]: Berechnungsformel:

$$\frac{migrierteMenge[mg] \times Verzehrmenge[g]}{1000[g]Lebensmittel \times 60[kg]Körpergewicht(Mensch)} \leq ADI - Zahl$$

E.5 Antistatika in Kunststoffen

E.5.1 Untersuchungen an Antistatika hinsichtlich Migrationsverhalten und Toxikologie

Der antistatische Effekt von Plastadditiven setzt zweckgebundenerweise ein Migrationsverhalten der antistatischen Additive voraus. Zusätzlich nehmen Antistatika eine Schlepperfunktion für andere Additive ein [3]. Typische Migrationswerte für einige ausgewählte Antistatika zeigt Tabelle 5.

Tabelle 5: Migrationswerte von Antistatika in Lebensmittelmodellflüssigkeiten nach zehntägiger Lagerung bei 45°C

Prüfflüssigkeiten	Polyethylen in [ppm] 0.15% Amin	Polyethylen in [ppm] 0,5% quart. Amin	Polystyrol in [ppm] normal 2,5% Alkylsulfonat	Polystyrol in [ppm] normal 0,4% PEG 400 u. 2,5% Alkylsulfonat	Polystyrol in [ppm] schlagzäh 2,5% Alkylsulfonat
Dest. Wasser	6...8	15...21	24...32	80...100 (109...136)	200...225 (600...840)
3%ige Essigsäure	5,5...6	14	40	50 (80...96)	175...200 (650...790)
20%iges Ethanol	13...14	23...30	32...60	16...36 (57...62)	125...162 (485...570)
50%iges Ethanol	15...16,3	30...40	40...50	20...45 (54...56)	200...250 (490...510)

Werte in Klammern: Gesamtmigration

E.5.2 Fazit

Da bei einer Deponierung um ein Vielfaches höhere Expositionszeiten vorliegen und die Temperatur von 45°C im Deponiekörper durchaus erreicht wird, kann davon ausgegangen werden, daß der Großteil der Antistatika an die Umwelt, bzw. die Deponie abgegeben wird.

E.6 Cadmiumpigmente in Kunststoffen

E.6.1 Migration von Cadmiumpigmenten aus Kunststoffen

Cadmium und Blei liegen in Kunststoffen in fast unlöslicher Form vor. In den Plasten liegen sie, eingebettet in hydrophoben Makromolekülen für wäßrige Systeme fast unerreichbar. Deshalb müssen sie von den löslichen toxischen Cadmiumverbindungen unterschieden werden. Wenn sie nicht durch chemische oder physikalische Einwirkungen wie z.B. thermische Behandlung dislokalisiert werden, bleibt die migrierte Menge derart gering, daß sie mit herkömmlichen analytischen Methoden gar nicht oder nur sehr schwer nachweisbar sind [4].

E.6.2 Verhalten der Cadmiumfarbpigmente unter Deponiebedingungen:

Um das Migrationsverhalten von Cadmiumpigmenten beurteilen zu können, wurde das Verhalten cadmiumhaltiger Kunststoffe unter Versuchsbedingungen simuliert (Tabelle 6). Über einen Zeitraum von einem Jahr wurden mit Cadmium eingefärbte Kunststoffplättchen einer 3%igen Essigsäure ausgesetzt. Dies fand unter Lichtausschluß und bei Raumtemperatur statt.

Tabelle 6: Migration von Cadmiumpigmenten aus Polyethylenkunststoffplättchen im Deponiesimulationsversuch (Ergebnisse in $\mu g/6\ dm^2$) [4]

Kunststoff	Pigmentierung	Plättchen [$\mu g/6\ dm^2$]
LDPE	0,5% Cd - Gelb	6
LDPE	0,5% Cd - Rot	1
LDPE	1% Cd - Rot	1
LDPE	0,1% Cd - Gelb	4
HDPE	0,5% Cd - Gelb	10
HDPE	0,1% Cd - Rot	2
HDPE	0,5% Cd - Rot	1
HDPE	1% Cd - Rot	2

E.6.3 Dislokalisation von Cadmium durch Thermische Behandlungsverfahren:

1973 ergab eine Untersuchung in einer Hamburger Müllverbrennungsanlage eine 16%ige Beteiligung des Cadmiumgehaltes aus Kunststoffen an der Gesamtcadmiumbelastung von 30 g Cd/t Müll [4]. Im wesentlichen lagen die Cadmiumverbindungen in Form von Stabilisierungs- und Pigmentadditiven in den Kunststoffen vor.

E.6.4 Fazit

Cadmiumadditive werden bei Vorgängen der Verwertung und Entsorgung mobilisiert und können somit in die Umwelt gelangen. Ein stetiges Ansteigen der Gesamtumweltbelastung durch Cadmium ist die Folge.

E.7 Problem des Foggings

Mit Fogging wird das Ausgasen von Additiven aus Kunststoffen beschrieben. Darunter fallen die eingangs schon erwähnten Weichmacher, Griffverbesserer, Stabilisatoren, Flammhemmer, für die Verarbeitung notwendige Gleit- und Trennmittel sowie Klebstoffe und Reste von Lösungsmitteln. Bei einer Studie des TÜV Nordddeutschland in Hamburg über "Fogging" in Automobilen konnten über 200 verschiedene chemische Substanzen nachgewiesen werden. Darunter Schadstoffe wie Benzol, Styrol, Toluol, Xylol, Amine, Sioctylphthalat, Nitrosamine, Vinylchlorid und Phthalate. Die Innenräume von VW Golf, Opel Kadett, Audi 100 und Toyota Corolla dienten dabei als Testobjekte. Mit Scheinwerfern simulierten sie sommerähnliche Bedingungen bei Temperaturen von 50 °C [5].

E.7.1 Fazit

Da die Eigenschaft des Ausgasens allen additiv behandelten Kunststoffen eigen ist, finden auch bei Kunststoffteilen der Elektrotechnik Ausgasungsvorgänge statt. Somit entsteht ohne Bearbeitung der Kunststoffe schon eine Beeinträchtigung des Arbeitsplatzes, Wohnraumes oder ganz allgemein der Umwelt.

E.8 Literaturquellen

[1] Meyer, H.; Neupert, M.; Pump, W.; Willengerg, B.: Flammschutzmittel entscheiden über die Wiederverwertbarkeit. Kunststoffe 83. Carl Hanser Verlag, München (1993), S. 253-257.

[2] Fleischer, G.: Computerschrott-Recycling. Stand und Entwicklungsmöglichkeiten. Erich Schmidt Verlag GmbH & Co., Berlin (1992), S. 61-62.

[3] Uhde, Dr. W.-J.; Woggon, Dr. H.: Zum Migrationsverhalten toxikologisch relevanter Polymerzusätze. Mitteilung aus dem Zentralinstitut für Ernährung. Potsdam-Rehbrücke, Forschungszentrum für Molekularbiologie und Medizin der Akademie der Wissenschaften der DDR. Plaste und Kautschuk, 24. Jahrgang, Heft 6/1977, S. 389-391.

[4] Endriß, Dr. H.: Cadmiumpigmente in Kunststoffen. Kunststoffe 69. Carl Hanser Verlag, München (1979), S. 39-43.

[5] Behring, M.: Gift im Auto, Serie, 2. Folge. Auto Bild, 17.Oktober 1988, S. 20-22.

Teil F Gliederung nach Werkstoffen

Tabellarische Übersicht über in der Elektrotechnik verwendete Werkstoffe

Werkstoff	Anwendungsbereich
Acryl-butadien-styrol	- Kondensatorbecher - Chassis (Unterhaltungselektronik, Meßgeräte usw.) - Heizgerätegehäuse - Kühlschrankinnenbehälter - Installationsmaterial - Tastaturen
Acrylharze	- Klebstoff von Isolierbändern - Trägermaterial für Dehnungsmeßstreifen
Acrylnitril	- Polymerisationsgrundstoff für ABS
Acrylnitril-Butadien-Kautschuk	- Leitungsisolierung - Kabelmäntel
Acrylnitril-Styrol-Acrylester-Copolymere	- Telefongehäuse - Gehäuseteile
Adipinsäureester	- PVC-Weichmacher
Alkydharz	- Tränkung gewebehaltiger Isolierschläuche
Alkylen-Tetrafluorethylen	- Leiterisolierung

Aluminium und seine Verbindungen	- Kabelmäntel - Kondensatorfolien - Läuferkäfige - Freileitungsseile - Guß- und Knetwerkstoffe - Legierungen (z.B. Lote) - MOS-Technologie - Störatome in Halbleiter - Widerstandswerkstoff (Legierung) - Wirbelstrombremsen - Reflektorfolie in Schwarz-Weiß-Bildröhre - Aluminiumflakes: leitfähiger Füllstoff in Kunststoffen - Bauelementgehäuse
Aluminiumantimonid	- Fotowiderstand
Aluminiumarsenid	- Laserdiode
Aluminiumoxid (Korund; Saphir; Rubin)	- Isolierröhrchen bei Glühkatoden - Isolierung bei Elektrodampfkessel und Zündkerzen - Saphire - Tonabnehmer - Laser - Substratmaterial für Siliziumschichten, Dünn - und Dickschichtschaltungen - Elektrolytkondensatoren - Füllstoff für Epoxidharz
Aluminiumoxidhydrat	- Flammhemmer in Kunststoff
Ammoniak	- Kältemittel im Kühlschrank - Elektrolytkondensatoren
Ammoniumchlorid	- Gassensor - gelöst in Wasser: Flußmittel (Lötwasser) - Zink-Salmiak-Braunstein-Zelle
Antimon und seine Verbindungen	- erhöht als Legierungsbestandteil die Härte z.B. von Hartblei - Störatome in Halbleiter - Lumineszaktivator
Antimontrioxid	- Flammhemmer in Kunststoff
Antimontrisulfid	- Bildaufnahmeröhre einer Fernsehkamera
Aramid	- Zusatz in Isolierpapier und -preßspan - Fäden in der Kabeltechnik
Aramidfaser (Kevlar)	- Zugentlastung in Lichtwellenleiterkabel - Leiterplatten
Argon	- gasgefüllte Gleichrichterdioden

Arsen und seine Verbindungen	- Störatome in Halbleiter - Akkumulatorgase (Arsenwasserstoff, eine Verunreinigung von Wasserstoff, bildet sich aus mit Arsen belasteten Metallen (Blei, Zink, Eisen) oder Säuren (Schwefel- und Salzsäure)
Asbest (Serpentinasbeste (Chrysotil), Magnesiumsilikat, Silikatgestein)	- Elektroinstallation (Elektroisolation, Wärmeisolation) - Schall- und Wärmeisolierung - Verunreinigung in Talkum - Verstärkungsstoff in Duroplasten - Drahtisolierung - Wickelbänder - Heizkissen - Weichdichtungen - Füllstoff - Trägermaterial für induktionsarme Widerstände und Heizleiter - Brandschutz - Formteile, Rohre (Eternit) - säurebeständige Filter - Kupplungsbeläge
Barium und seine Verbindungen	- Getterstoff (Sorptionsmedium) - in Bildröhren (Fernseher)
Bariumchromat	- positive Elektrode von Magnesiumtrockenbatterie
Bariumferrit	- Magnete
Bariumkaliumnatriumniobat	- optoelektrischer Werkstoff
Bariumnatriumniobat	- optoelektrischer Werkstoff
Bariumoxid	- Hochvakuum-Gleichrichterdiode - Elektrodenbeschichtung in Leuchtstoffröhre - Kathodenoberfläche von Elektronenröhre
Bariumsilicat	- Leuchtstoff (blau-grün)
Bariumstrontiumniobat	- optoelektrischer Werkstoff
Bariumstrontiumoxid	- Kathodenschicht in Elektronenröhren
Bariumtitanat	- PTC-Widerstand - Kondensatorkeramik - piezoelektrischer Werkstoffe - ferroelektrische Keramik - Titanatkeramik
Benzol	- Grundstoff für ABS - Ausgangsstoff zur Styrolproduktion
Bernstein	- hochwertige Isolierung
Beryllium-Kupfer-Legierung	- keine Funkenbildung - Kollektoren - Bürsten - Feder für Drucksensor

Beryllium und seine Verbindungen	- Röntgentechnik - Raumfahrttechnik - Lotlegierung
Berylliumoxid	- elektrisch isolierende Wärmeleitscheibe - Sockel für Transistoren (gute Wärmeleitung) - Substratwerkstoff in der Dünn- und Dickschichttechnik - Keramik
Bisphenol A	- (Mehrkomponenten)kleber
Bitumen (heute veraltet)	- Verguß- und Tränkmasse in Kabelendverschlüssen und Abzweigmuffen - Papierkondensatoren - Bauelementgehäuse (bis 60'er Jahre)
Blei und seine Verbindungen	- Akkuplatten - Kabelisolierung (Mantelumhüllung) - Legierungsbestandteil in Loten und Lagermetallen - Kristallinsenglas - Strahlenschutz (Monitore) - Farbenherstellung, Pigmente - Lumineszenzaktivator - Kondensatorkeramik
Bleidioxid (Blei(IV)-oxid)	- Akkuplatten (pos. Platten)
Bleimetaniobat	- piezoelektrischer Werkstoff
Bleioxid (Blei(II)-oxid)	- Akku - Bildaufnahmeröhre einer Fernsehkamera
Bleiselenid	- Fotowiderstand
Bleisulfat	- beim Entladen von Bleiakkus (an den Platten)
Bleisulfid	- Fotowiderstand
Bleitellurid	- fotoelektrischer Effekt
Bleitetroxid (Blei(II,IV)-oxid, Bleimenninge)	- Grundierung
Bleititanat	- Kondensatorkeramik
Bleizinntellurid	- optische Halbleitersensoren
Bor und seine Verbindungen	- Kohleschichtwiderstand (Borkohle) - Dotierung von Selengleichrichter - als Verbindung in Flußmittel
Borcarbid	- Zündstift bei Quecksilberventilen
Borsäure	- Flüssigkeit im Elektrolytkondensator
Brom und seine Verbindungen	- Halogenlampen - Flammhemmer - Dia- und Schmalfilmprojektor

Bronzen	- Lagermetall - Freileitungen - elektrische Leitungen - Kontaktfedern
Butadienkautschuk (Butadiennatrium, Buna)	- Gummiprodukte
Butylkautschuk (IIR, Isoprenisobutylen- Kautschuk)	- Kabelisolierung
Cadmium und seine Verbindungen	- Korrosionsschutz - Elektrodenbestandteil in Ni-Cd-Akkus - Kontaktwerkstoff (mit Ag und Cu) - Hartlot - Verdampfen bei Metallschaltern und beim Hartlöten - Farbmittel (Farbpigmente) in Kunststoffen
Cadmiumborat	- Leuchtstoff (rot)
Cadmiumoxid	- Leuchtstoffe im Oszilloskop - Selenfotodioden - Legierung in Kontaktwerkstoffen
Cadmiumselenid	- Fotowiderstand - Selengleichrichter - Fernsehbildaufnahmeröhre - Farbpigment in Kunststoffen (Cadmiumrot und Cadmiumorange)
Cadmiumsilikat	- Leuchtstoffe im Oszilloskop
Cadmiumsulfat	- Elektrolyt für Hg-Cd-Normalelement
Cadmiumsulfid	- Leuchtstoffe in Braun´schen Röhren - Fotowiderstand - Farbpigment in Kunststoffen (Cadmiumgelb, -rot, - orange)
Cadmiumtellurid	- Gunndiode
Calciumcarbonat	- LED-Füllstoff zur gleichmäßigen Ausleuchtung und Reflexion
Calciumfluorid	- LED-Füllstoff zur gleichmäßigen Ausleuchtung und Reflexion
Calciumfluorophosphat	- Leuchtstoff (blau)
Calciumhalophosphat	- Leuchtstofflampe (weiß)
Calciummagnesiumcarbonat (Dolomit)	- Kunststofffüllstoff
Calciummetasilikat	- Leuchtstoff (orange)
Calciumtitanat	- Kondensatordielektrikum
Calciumwolframat	- Leuchtstoff (blau)
Calciumzinkphosphat	- Leuchtstoff (orange)
Carbonyleisen	- Kernwerkstoff aus Masseeisen

Carboxylatester	- Isolierung und Kühlflüssigkeit für Transformatoren
Cäsiumantimonid	- Photokathode
Cellulose	- Isolierpapier - Preßspan - Isolierstoffe
Celluloseacetat	- Filme - Wickelbänder - Spulenumhüllung - Kondensatordielektrikum - Flammhemmer - Kabelumhüllung - Trägermaterial für Magnetbänder
Celluloseacetobutyrat	- Isolierteile - Spulenumhüllung - Kondensatorendielektrikum - Kabelisolierung
Cellulosepapier	- Leiterplatten
Cellulosepropionat	- Isolierteile
Cellulosetriacetat	- Isolierfolien
Ceresin (Naturwachs)	- Imprägniermittel für Papier - Vergußmasse für Kabelmuffen - Umhüllung von Bauelementen
Cermet	- Dünnschichttechnik (Schichtwerkstoff)
Chlophen (Askarele Chlordiphenyle)	- Isolieröle (stark chlorhaltig) - Transformator (Kühlung und Isolierung - Tränkmittel in Kondensatoren (z.B. Metallpapierkondensator, Kunststoffolienkondensator)
Chlor und seine Verbindungen	- PVC - Flammhemmer Isoliermaterial - Chlorgas (im Geigermüllerzähler)
Chloride	- als Verbindung in Flußmittel
Chlorierte Naphthaline	- Isolieröl - Additive
Chloriertes Polyethylen	- Isolierung für Starkstrombauteilen
Chlorsulfonierte- Polyethylenmischungen	- Kabelummantelung

Chrom
und seine Verbindungen
	- Legierungsbestandteil von Heizleiterwerkstoffen,
	  Loten und Stahl
	- Oberflächenveredelung
	- Schichtwerkstoff in der Dünnschichttechnik
	- Legierung mit Cu für Leistungsschalter
	- Dehnungsmeßstreifen
	- Solarzelle
	- Holzimprägnierung (Fäulnisschutz)
	- Tonbänder und magnetische Datenträger für Computer
	  (kristallines Chrom(IV)-oxid)
	- Farbstoffe und Pigmente (Chrompigmente:
	  Zinkchromat, Bleichromat)

Chromdioxid	- magnetisierbare Schicht auf Magnetbänder
Chromoxid	- Li-Cr-Batterie (Knopf- und Rundzellen)
Chromtrioxid	- Galvanotechnik
Cobalt und seine Verbindungen	- in Verbindung mit seltenen Erden: Magnetwerkstoff - Kupplung - Lager - Mikrorelais - Medizintechnik - Hartmagnet
Cobalt(II)-sulfat	- als Verunreinigung in elektrischen Leitungen - Verunreinigung in Mineralölprodukten
Cobaltoxid	- zur Herstellung von Ferriten - Thermistor - Solarkollektor
Cyanacrylate	- Abdichtmasse für wasserdichte Bauteile
Decabromdiphenylether	- Flammhemmer in Kunststoffen
Di(2 - ethyl)phthalat	- Weichmacher
Dicarbonsäureanhydrid	- Härter in Epoxidharz
Dicyandiamid	- Zusatz in Isolierpapier und Preßspan
Diperfluorhexylether	- flüssiges Isoliermittel
Diphenylchlorid (Clophen)	- Isolieröle in Transformatoren und Kondensatoren
Eisen und seine Verbindungen	- Legierung in Berzelit (Lot, Widerstandswerkstoff) - Gehäuse - Behältnisse - Magnetkopf - Ni-Fe-Akku - Magnetbänder
Eisen(III)-oxid	- Gassensor - Halbleiter
Eisenoxid (Gammahämatit)	- magnetisierbarer Belag auf Disketten, Magnetfolienspeicher und Magnetbänder

Eisenoxid mit Kobalt dotiert	- Gammahämatit - Magnetbänder
Epichlorhydrin	- Grundstoff des Epoxidharzes
Epoxi-Isocyanat-Harz	- Transformatorisolierung
Epoxid	- Drahtlack
Epoxidharz	- Vergießen von Kondensatoren, Spulen, Motorenwicklungen - in Transformatoren - Kabelendverschlüsse - Formmassen - Lacke (auch Draht) - Leiterplatten - Halbleitereinbettungen - Widerstandisolierung - Isolierung in der Hochspannungstechnik - Tauchharz für elektrische Maschinen - Trägermaterial für Dehnungsmeßstreifen - Bauelementgehäuse
Epoxidharz, glasfaserverstärkt	- Isolierung in der Hochspannungstechnik
Erbium und seine Verbindungen	- Glasfaserverstärker
Erdöl- und Kohlenteerdestillate	- Lösemittel - Bestandteil von Farben, Lacken und Wachsen - Reinigungsmittel - Telegraphenstangen
Ethandiol	- Weichmacher
Ethylen-Propylen- Mischpolymerisat	- Schlauchleitungen - Stecker - Muffen
Ethylentetrafluorethylen	- Wire Wrap - Litzen, Drähte - Hochtemperaturkunststoff
Ethylen-Vinylacatat- Copolimere	- mit Ruß: Halbleitereffekt - mit Bariumferrit magnetisierbar - Kabelummantelung - Heizleitung - Stecker
Ethylen-Vinylacatat- Kautschuk	- Kabelummantelung
Ethylenglykol	- Frostschutzzusatz in Wasserschalter (Wasser als Löschmittel)
Europium und seine Verbindungen	- Lumineszenzaktivator

Fluor-Kautschuk	- Kabelummantelung - Spezialleitung - Hochtemperaturkautschuk
Fluorethylenpropylen (Polyperfluorethylenpropylen)	- Leiterplatten
Fluoride	- als Zusatz in Flußmittel
Frigen	- Kältemittel (FCKW)
Gadolinium und seine Verbindungen	- Lumineszenzaktivator
Gadoliniumgalliumgranat	- Substratmaterial für Magnetschichten
Gallium und seine Verbindungen	- Störatom in Halbleiter
Galliumaluminiumarsenid	- Injektionslaser
Galliumantimonid	- Halbleiter
Galliumarsenid	- Leuchtdioden - FET - Injektionslaser - Hallgenerator - Gunndiode
Galliumarsenidphosphid	- rote Leuchtdiode
Galliumphosphid	- Leuchtdioden
Germanium und seine Verbindungen	- Halbleiter
Glas	- Glühlampen - Röhren - Isolierung - säurefeste Behälter - Dioden-/Halbleitergehäuse - Glasfaser (Lichtleitung, Kunststoffverstärkung) - Glasuren - Bauelementgehäuse
Glasfaser	- Füllstoff in Kunststoff - Mineralfaser
Glashartgewebe	- Leiterplatte
Glimmer (Muskowit)	- Heizstäbe - Kondensatoren - Isolierblättchen - Keramik
Glykol	- Flüssigkeit im Elektrolytkondensator

Gold und seine Verbindungen	- Legierungsbestandteil - Integrierte Schaltung (haarfeine Verbindungsdrähte) - Steckkontakte - Lumineszensaktivator - Feuchtesensor - Legierung in Lote für Edelmetall - Goldkondensator
Graphit	- Elektroden - Kohlebürsten - Widerstände - Zink-Kohle-Element (positive Elektrode) - Magnetbänder (Gleitschicht) - Schleif- und Gleitkontakte - Schmiermittel - Überzug auf Fernsehbildröhrenkolben - Zink-Sauerstoff-Zelle - Pigment
Gummi	- Gummimatten - Dichtungen - hochwertige Isolierteile - Kabelisolierung
Hafniumdioxid	- Kondensatordielektrika
Harnstoff	- Zwischenprodukt bei der Herstellung von Harnstoff-Formaldehyd-Harzen - in Klebstoffen - in Kunststoffen
Harnstoffharz (Harnstofformaldehyd, Karbamidharz, Aminoplast)	- hellfarbige, weiße Isolier- u Schalterteile - Lampenschalen - Hartpapierplatten (Resopalplatten) - Lack - Dielektrikum von Drchkondensatoren - Lampenfassung - Stecker - Installationsmaterial
Helium	- gasgefüllte Gleichrichterdioden
Indium und seine Verbindungen	- Störatome in Halbleiter - Legierung in Kontaktwerkstoff auf Silberbasis
Indiumantimonid	- Halbleiter - IR-Detektor - Hallgenerator - Fotowiderstand
Indiumarsenid	- Hallgenerator - Halbleitermischkristalle
Indiumarsenidphosphid	- Hallgenerator - Halbleitermischkristalle

Indiumdioxid	- Flüssigkristallanzeige
Indiumzinnoxid	- Elektrodenschicht in Flüssigkristallanzeigen
Iod und seine Verbindungen	- Halogenlampen - Flammhemmer - Flutlicht - Diaschmalfilmprojektor - Halogen-Metalldampflampen
Iridium und seine Verbindungen	- Legierungsbestandteil für Kontaktwerkstoffe
Iridiumoxid	- Schichtwerkstoff in der Dickschichttechnik
Isobuthylen-Isopren- Kautschuk	- Kabelummantelung
Isocyanat	- Härter in Klebern - Trafolack
Isopropanol	- Bestandteil von Druckertinte
Kalilauge	- Ni-Cd-Akku - Ni-Fe-Akku - Ni-Zn-Akku - Hg-Oxidzelle
Kaliumdichromat	- galvanische Elemente
Kaliumdihydrogenphosphat	- optoelektrischer Werkstoff
Kaolin	- Füllstoff in Kautschuk und PVC
Kieselsäure	- Kondensatorabdichtung (Drahtabdichtung) - Füllstoff in Kautschuk
Kohlendioxid	- Kältemittel
Kohlenstoff und seine Verbindungen	- Diamant (Plattenspieler) - Kohlenwasserstoffverbindungen
Kolophonium (Destillate)	- Imprägnierung (Isolierung) - Flußmittel - Isolieröl (Transformator, Schalter) - Kondensator - Kabel
Kreide	- Füllstoff in Kautschuk und PVC
Kupfer und seine Verbindungen	- Leitung - Kontakte - Kühlfläche der Halbleiter - Freileitungsseile - Lumineszenzaktivator - Lotlegierung - Widerstandswerkstoff (Legierung) - Leiterplatte
Kupfer(I)-oxid	- Halbleiter

Lithium und seine Verbindungen	- Batterie - Knopf- und Rundzellen (Taschenrechner, Uhren, Fotobedarf) - SO_x - Sensor
Lithiumchloridlösung	- Elektrolyt bei Tantalkondensator
Lithiumchromat	- Mg-Trockenbatterie - Elektrolyt
Lithiumniobat	- elektrooptischer-, piezoelektrischer- und pyroelektrischer Werkstoff
Lithiumoxid	- Substratwerkstoff - Isolierung - Verkappung elektronischer Bauteile
Lithiumsulfat	- piezoelektrischer Werkstoff
Lithiumtantalat	- Temperaturmessung - optoelektronische Werkstoffe
Magnesium und seine Verbindungen	- Legierung (leichte Werkstoffe) - Einwegbitzlampen (Foto) - Getterstoff für quecksilberhaltige Entladungsgefäße - Lautsprecherkorb
Magnesiumarsenat	- Leuchtstoff (rot)
Magnesiumbromid	- Mg-Trockenzelle - Elektrolyt
Magnesiumchlorid	- Elektrolyt in $MgClO_2$-Zelle
Magnesiumfluorgermanat	- Leuchtstoff (rot)
Magnesiumhydroxid	- Flammhemmer in Kunststoff
Magnesiumoxid	- Substratwerkstoff - Isolierung - Verkappung elektronischer Bauteile
Magnesiumoxidhydrat	- Flammhemmer in Kunststoff
Magnesiumsilikat	- Sinterbestandteil von Steatit - Kondensatordielektrikum - Keramik
Magnesiumtitanat	- Kondensatordielektrikum
Magnesiumwolframat	- Leuchtstoff (weiß-blau)
Mangan und seine Verbindungen	- Legierung (z.B. Lot) - Widerstandswerkstoff - Lumineszenzaktivator - Batterie (Knopfzelle)
Manganchloridlösung	- $Zn-O_2$-Zelle (Elektrolyt)
Mangandioxid	- Li-Mn-Batterie (Knopf- und Rundzellen) - Elektrolyt in trockenem Aluminium und Tantalkondensator - Mg-Trockenbatterie
Manganzinkferrit	- Videoköpfe

Melamin	- Zusatz in Isolierpapier - Zusatz in Isolierpreßspan
Melaminharz	- gute Kriechstromfestigkeit (Klemmleisten, Heizgerätegriff) - Isolierung in der Hochspannungstechnik - Installationsmaterial - Schalter - Stecker
Messing	- Rohre - metallische Kleinteile (Lagerbuchsen, Schrauben) - Beschläge - Armaturen - Ösen, Klemmen, Schaltkontakte - Fassungen
Methoxy-Butyl-Benzyliden-Anilin	- Halbleitermischkristallflüssigkristallanzeige
Mineralfasern	- Wärmeisolierung
Mineralöl	- Isolierung - Kühlung - Schmierung
Molybdän und seine Verbindungen	- Legierung (z.b. Lot) - Elektroden bei Röntgenröhren - Kontaktwerkstoff
Molybdändisilicid	- hochhitzebeständige Heizleiter
Molybdändisulfid	- Magnetbänder (Gleitschicht)
Monobenzol	- Alterungsschutzmittel für Gummi (besonders ausländische Artikel)
Naphthalin	- Imprägniermittel für Papier - Vergußmasse für Kabelmuffen - Umhüllung von Bauelementen
Natrium und seine Verbindungen	- Gasentladelampen (gelb) - Natriumdampflampen - Starkstromkabel
Natriumbariumniobat	- pyroelektrischer Werkstoff
Natroncellulose	- Zellwolle - Cellophan
Naturkautschuk	- Gummischlauchleitungen - Stecker
Neon	- Leuchtgas

Nickel und seine Verbindungen	- Legierung (Lot, Widerstand) - Korrosionsschutz - Metallröhrchen in Hochvakuumgleichrichterdiode (Elektronenröhre) - Ni-Cd-Akku - Ni-Fe-Akku - Ni-Zn-Akku - Reed-Relais-Kontakte - Federkontakte - Magnetkopf - Dehnungsmeßstreifen
Nickelantimonid	- magnetfeldabhängiger Widerstand
Nickelhydroxid	- Ni-Cd-Akku
Niobbronze	- Supraleiter
Niobium und seine Verbindungen	- Überlastschutz für Senderöhren (Getterstoff) - Legierung für Supraleiter
Nitrilkautschuk	- Kabelummantelung
Osmiumtetroxid	- Glühlampen
p-Azoxyanisol	- Flüssigkristalle (Display)
Palladium und seine Verbindungen	- Kontaktwerkstoff (bei niedrigen Spannungen) - Schottkydiode - Gassensor - Schichtwerkstoff in der Dickschichttechnik - Solarzelle
Palladiumoxid	- Schichtwerkstoff in der Dickschichttechnik
Papier	- Isolierung - Kondensatordielektrikum - Trägermaterial für Dehnungsmeßstreifen
Pentaerythritolester	- Isolier- und Kühlflüssigkeit für Transformator
Perfluoralkoxy	- Leiterisolierung - Spritzgußmaterial - Hochtemperaturkunststoff
Phenolether	- Isolierharz für Transfomator

Phenolharz
(Phenolformaldehyd, Bakelit)
	- Grundlage für Phenolharzlacke
	- Preßteile
	- Leiterplatten
	- Röhrensockel, Spulenkörper
	- Installationsmaterial (Lampenfassung, Schalter,
	  Stecker, Gehäuse für elektrische Maschinen und
	  Bauelemente)
	- Schleifringe, Kollektoren
	- Trägermaterial für Dehnungsmeßstreifen

Phenolplaste	- dunkelbraune Schalter und Steckdosen - Bindemittel bei braunem Hartpapier - Formmassen

Phosphat	- Grundierung für Korrosionsschutz (Stahlwerkstücke) - Leuchtstoffe (Leuchtstofflampe) - Flußmittel
Phosphor und seine Verbindungen	- Störatom in Halbleiter - Getterstoff in der Hochvakuumtechnik (Glühlampen) - in Ag-Cu-Lot - Flammhemmer in Schützen (roter Phosphor) - Getterstoff (Sorbtionsmittel zur Bindung organischer Dämpfe)
Phosphorsäureester	- PVC-Weichmacher
Phthalsäureester	- PVC-Weichmacher
Platin und seine Verbindungen	- Kontaktwerkstoff - Katalysator (auch unerwünscht: z.B. Bildung von katalytischen Polymeren auf Kontakten, wobei das Vorhandensein von aromatischen Dämpfen im ppm-Bereich ausreicht) - Thermoelement
Patina (Kupferhydroxidcarbonat und Kupferhydroxidsulfat)	- kohlensaures Kupfer (in feuchter Luft) - Kupfer unter Lufteinwirkung
Poly-p-Xylylen	- Dielektrikum in Kleinstkondensator
Polyacetalharz	- Zahnräder - Meßgeräteteile - Gleitlagerzahnräder
Polyacrylsäureamid	- Zusatz in Isolierpapier - Zusatz in Isolierpreßspan
Polyamid (Nylon, Perlon, Ultramid)	- Zahnräder, Lagerbuchsen - Isolierfasern - Schrauben, Dübel - Isolatoren (Hochspannungstechnik) - Kabelummantelung - Kondensatorbecher - Bedienungsteile - Stecker - Heizgerätegehäuse - Gehäuse für elektrische Maschinen - bewegte Bauteile - transparente Werkstoffe - Drahtlack
Polyamidimid	- Isolierfolie für Transformator
Polyaminamide	- Härter für Epoxidharze
Polyamine	- Härter für Epoxidharze
Polybromierte Dibenzodioxine	- Spuren im Kunststoff durch bromierte Flammhemmer
Polybromierte Dibenzofurane	- Spuren im Kunststoff durch bromierte Flammhemmer

Polybromierte Diphenylether	- Flammhemmer in Kunststoff - Gehäuse (Unterhaltungselektronik, Computer) - Leiterplatten - Elektrokleinteile
Polybutylenterephthalat	- Bauelementgehäuse
Polycarbonat	- Dielektrikum in Kunststoffolienkondensator - durchsichtige Abdeckung - schlagfeste Beleuchtungskörper - Spulenkörper - Isolierung (Hochspannungstechnik) - Röhrensockel - Steckerleisten - Spulenkörper - Transformatorisolierung - Bedienungsteile, Telefonscheibe, Abdeckhauben, Lampenabdeckung - Lampenfassung - Gehäuse für elektrische Maschinen - CD - Lack für Glasseidegeflechte
Polycarbonat, glasfaserverstärkt	- Relaissockel
Polycarbonsäureanhydrid	- Härter für Epoxidharz
Polychlorierte Biphenyle	- Transformatorenöl (Isolierung) - Kondensator
Polychlorierte Dibenzodioxine	- Spuren im Kunststoff durch chlorierte Flammhemmer
Polychlorierte Dibenzofurane	- Spuren im Kunststoff durch chlorierte Flammhemmer
Polychloropren (Chloropren-Kautschuk, Neopren, Baypren)	- Kabelmäntel - Dichtungen in der Kältetechnik - Isolierung in der Hochspannungstechnik - ölbeständige, schwerbrennbare Gummileitungen - Stecker - Zahnriemen
Polydimethylsiloxan	- Transformatorflüssigkeit
Polyester-Isocyanat-Harz	- Isolierharz für Transformatoren
Polyesterharz (ungesättigte Polyesterharze)	- als Glasfasergewebe für großflächige Behälter und Platten - Epoxidharz - Elektrowerkzeuge - schlagfeste und witterungsbeständige Beleuchtungskörper - Kondensatordielektrikum - Isolierfolie - Magnetbänder

Polyesterimid	- Lack / Isolierharz für Kleinspannungstrafo - Lack für Draht
Polyetheramid	- Dichtung
Polyetherimid	- Isolierfolie für Transformator - hoch beanspruchte transparente Bauteile - Trägerschale von Tintendrucker
Polyethersulfon	- Flammhemmer - Fassung für integrierte Schaltung - Transistor - Stecker - hoch beanspruchte transparente Bauteile
Polyetherurethan	- leitfähiger Schaumstoff (mit Ruß) - Transistor - Stecker
Polyethylen	- Isolierung für Hochspannung - Hochfrequenztechnik - Stecker - Installationsmaterial - Bauelementgehäuse - Kabelisolierung
Polyethylen (VPE), vernetzt	- Kabelisolierung (wärmefeste Isolierbauteile in Hochspannungstechnik)
Polyethylen-Acrylsäure-Polimerisat	- Piezokeramiksprechkapsel
Polyethylenglykolterephthalat	- Faserverstärkung für Epoxidharz
Polyethylenterephthalat	- Kabelummantelung - flexible Leiterplatten - Kondensatorisolierung - Transformatorisolierung - Tonbänder - Bauelementgehäuse - NF- und Sonderleitung - Spritzgußmaterial für Stecker und Gehäuse - Farbträger für Druckerfarbband
Polyimide	- Isolierfolie - Drahtlacke in Hochleistungsmaschinen - hochbeanspruchte Formteile (Zündverteiler, ungeschmierte Lager, Dichtungen) - flexible Leiterplatten - Trägerfolie für Netzwerke - integrierte Schaltung

Polyisobutylen	- ozonbeständige Isolierung - flüssige Isoliermittel (Transformator-, Kondensator- und Kabelöle) - Spezialschmieröle - Kleb- und Dichtstoffe - Korrosionsanstriche - Dielektrikum
Polymethylmetacrylat (Acrylglas, Plexiglas)	- Skalenplatten, Lichtfenster, Telefonwählscheiben, Glasersatz - Batteriekästen - Zwischenschicht für splittersicheres Verbundglas - Schutzbrillengläser - Beleuchtungskörper
Polyoxymethylen	- Waschmaschinenpumpengehäuse - bewegte Bauteile - Skalen, Tasten, Knöpfe
Polyphenylenoxid	- Kontaktträger von programmierbaren Schaltern - Gerätegehäuse - Hochspannungsleitungen - Steckerleisten - Träger für Ablenkspule
Polyphenylenoxid, modifiziert	- Bauelementgehäuse
Polyphenylensulfid	- Fassung für integrierte Schaltung - Transistor und Stecker - Ankerträger in Relais
Polypropylen	- Haushaltsgeräte - Kabelummantelung - Kondensatorisolierung, -becher - Spulenkörper - Transformatorisolierung - Muffen, Stecker - Installationsmaterial - Gehäuse für elektrische Maschinen - Lautsprechermembran - Bauelementgehäuse

Polystyrol (Styroflex)	- Dielektrikum in Kunststoffolienkondensator - Spulenkörper (Hochfrequenztechnik) - Klemmleisten - Isolierfolien - Verpackungsmaterial - Abdeckhauben - Bedienungsteile - Tonbandspule (Kassetten) - Kühlschrankisolierung (aufgeschäumt) - Lautsprechermembran - Gehäuseteile (schlagfestes PS) - Bauelementgehäuse - Schaumstoff (Styropor)
Polysulfon	- schwer entflammbarer, selbstlöschender Kunststoff - Fassung für intetegrierte Schaltung - Transistor - Stecker - Bauelementgehäuse - Litzen, Drähte, Wire Wrap - hoch beanspruchte transparente Bauteile
Polyterephtalsäureester	- Dielektrikum in Kunststoffolienkondensator - Kabelummantelung
Polytetrafluorethylen (Teflon)	- Isolierfolien, Leitung-, Kabelisolierung, NF-Leitung - Korrosionsschutz - Buchsen für ölfreie Lager - Transistorsockel - Kondensatordielektrikum - gedruckte Schaltungen - Schrumpfschläuche - Heizkabeleinbettung - Stecker
Polyurethan	- Lager, Zahnräder, Schnappverbindungen - Schaumstoff für Kühlschrank - Lacke (Drahtlack) - Klebstoffe (Mehrkomponentenkleber) - Kabelummantelung - gewebehaltige Isolierschläuche - HF-Leitungen - Stecker - Muffen
Polyurethanharz	- Kabelgarnituren - Abdichtung und Beschichtung von Akkugehäuse - Implosionschutz von Fernsehröhren - Bauelementverguß
Polyvinylacetal	- Lack für Trafodraht

Polyvinylchlorid z.T. mit Weichmachern	- Kabelisolierung, Isolierschläuche, Isolierfolien - Klebebänder - Spulenkörper (Hochfrequenztechnik) - Klemmleisten - Verpackungsmaterial - Behälter für Galvanikbäder - Rohre, Verkleidungen - Tonbänder - Kühlschrankdichtung - Isolierung in der Hochspannungstechnik - Installationsmaterial (Schalter, Stecker) - Schallplatten (ab 1950) - Dichtungen - Folien - Kunstleder
Polyvinylchlorid vernetzt	- Kabelummantelung
Polyvinylformal	- Lack für Trafodraht
Polyvinylidenfluorid	- piezoelektrischer Werkstoff
Quecksilber und seine Verbindungen	- gasgefüllte Gleichrichterdioden - Quecksilberventil - Quecksilberdampfwechselrichter (in großen Gleichstrommotoren) - Quecksilberschalter - Relais - Gasentladelampen (bläuliches Licht) - Leuchtstoff in Leuchtstofflampe - Quecksilberdampfhochdrucklampe - Halogenmetalldampflampe - Hg-Cd-Normalelemet - Hg-Oxidzelle
Quecksilbercadmiumtellurid	- optischer Halbleitersensor
Quecksilberoxid	- Hg-Oxidzellen für Elektrokleingeräte
Rhodium und seine Verbindungen	- Thermoelement - Kontaktwerkstoff
Ruß	- Füllstoff in Kunststoff
Ruthenium und seine Verbindungen	- Kontaktwerkstoff
Rutheniumdioxid	- Cl_2-Sensor - Dickschichttechnik
Salzsäure	- Entfernen von Oxidschichten auf Kupfer- und Stahlblechen
Schellack	- Schallplatte (bis 1950)
Schmierfett	- Reibungsreduzierung an bewegten Teilen

Schwefel und seine Verbindungen	- Vulkanisiermittel für Gummi
Schwefeldioxid	- Kältemittel
Schwefelhexafluorid	- Hochspannungisolierung und Funkenlöschung - gasgekühlte Transformatoren und Wandler
Schwefelsäure	- Elektrolyt in Bleiakkus - bei galvanischen Überzügen (Au, Ag, Ni, Cr, Zn, Cd, Cu) - Elektrolyt in Tantalkondensator - Beizen von Metallen
Selen und seine Verbindungen	- Selenfotoelement - Selendiode - Gleichrichter (Grundbaustein: Selendiode) - integrierte Schaltungen
Silber und seine Verbindungen	- Kontaktwerkstoff (Legierung mit W, Cd, Cu, Pd) - Aktivierung von Leuchtstoffen im Oszilloskop - Lumineszenzaktivator - Schmelzsicherungen - Akku (Knopfzellen) - Filme, Fotopapiere, lichtempfindlche Beschichtung von Platinen - Spiegelbeschichtung - Legierung in Lot - Leiter in der HF-Technik
Silberchromat	- Li-Zelle - pos. Elektrode
Silberoxid	- Silberoxidbatterie
Silicium und seine Verbindungen	- Dioden, Transistoren, Gleichrichter - Schwingquarz - Silikone - integrierte Schaltung - MOS-Technik - Drucksensor - Aluminiumhartlot - Fernsehbildaufnahmeröhre
Siliciumcarbid	- spannungsabhängiger Widerstand - Schleifmittel - hochhitzebeständiger Heizleiter

Siliciumdioxid (Quarz)	- MOS-Technik - Schwingquarze - Quarzglas - Solarzelle - Isolierung - Verkappung elektronischer Bauteile - Substratmaterial - piezoelektrische Bauteile - Keramik
Siliciumoxid	- Solarzelle
Silikate	- Leuchtstoffe (Leuchtstofflampen)
Silikonharze	- hitzebeständige Isolierlacke für Kupferdrähte - Tränklack für Glasseidenfolien, Gewebeschläuche, Wicklungen - Halbleitereinbettung - Widerstandsisolierung - Isolierung von Hochspannungsbauteilen - Bauelementgehäuse
Silikonkautschuk	- Schläuche - Dichtungen - temperatur- und ölfeste Isolierung - Kabelummantelungen - Einbettung von Elektronikbauteilen
Silikonöl	- Isolieröl (alternativ zu PCB)
Samarium-Kobalt-Verbindungen	- Magnetwerkstoff - Motor, Kupplung, Lager - Mikrorelais
Steatit (Magnesiumsilikat und Talkum)	- Schmelzeinsätze von Sicherungen - Einsätze für Steckdosen - Schalter - Spulenkörper
Stickstoff	- Preßgas in Hochspannungskabel, Transformator, Kondensator - Oxidationsverzögerer bei Isolieröl - Schutzgasfüllung (z.B. Glühlampe) - Dotiermaterial für LED
Strontium und seine Verbindungen	- Getterstoff für Farbbildröhre
Strontiumbariumniobat	- pyroelektrischer Werkstoff
Strontiumferrit	- ferritischer Dauermagnet
Strontiumfluorophosphat	- Leuchtstoff (grün)
Strontiumhalophosphat	- Leuchtstoff (gelb-grün)
Strontiummagnesiumphosphat	- Leuchtstoff (orange)
Strontiumoxid	- Oberfläche von Hochvakuumgleichrichterdiodenkatoden

Strontiumphosphat	- Leuchtstoff (blau)
Strontiumtitanat	- Kondensatordielektrikum
Styrol	- Monomer zur Herstellung der Kunststoffe: GPPS/HIPS, EPS, ABS/SAN, SBR/SB-Latex/SA-Latex, UPR, SBS, UPE und andere - Lösemittel für ungesättigte Polyesterharze
Styrol-Acryl-Nitril-Polimerisat	- Spulenkörper - Abdeckhauben, Gehäuse
Styrol-Butadien-Kautschuk	- Kabelisolierung in der Installationstechnik
Styrol-Butadien-Polymerisat	- Chassis (Unterhaltungselektronik) - Gehäuse
Tantal und seine Verbindungen	- Anode von Tantalkondensator - Elektroden von Elektronenröhren - Getterstoff für Hochlaströhren
Tantalpentoxid	- Dielektrikum von Tantalkondensator - Solarzelle - Fotoelemente - Keramik
Teeröl	- Isolierung - Imprägnierung
Tellur und seine Verbindungen	- integrierte Schaltung - Halbleiter
Terbium und seine Verbindungen	- Lumineszenzaktivator
Tetrabromdisphenol A (Bromdian)	- Flammhemmer in Kunststoff (Unterhaltungselektronik) - Leiterplatten - Elektrokleinteile
Tetrachlorethylenphosphat	- Flammhemmer in Kunststoff
Tetrafluorethylen / Hexafluorpropylen Copolymer	- Stecker
Thallium und seine Verbindungen	- integrierte Schaltung - Getterstoff für Spezialröhren
Thalliumoxid	- Schichtwerkstoff in der Dickschichttechnik
Thiuramgemisch	- Gummi jeglicher Art - Vulkanisationsbeschleuniger - Kabelisolierungen - Schläuche
Thoriumdioxid	- Pellistor (Gassensor)
Tinte	- Drucker
Titan und seine Verbindungen	- Lautsprechermembran - Dickschichttechnik

Titandioxid (Rutil)	- Keramikkondensator (Dielektrikum) - Magnetbänder (Rückschicht) - Substratmaterial - Isolierung - Verkappung elektronischer Bauteile - Dickschichttechnik
Titannitrid	- Dehnungsmeßstreifen
Titanoxid	- Solarzelle - keramischer Kondensatorwerkstoff
Titanoxinitrid	- Dehnungsmeßstreifen
Toluol	- Lösemittel für Lacke - Ausgangsstoff für Farben
Tri-hydroxy-ethyl-iso-cyanurat	- Lack für Kleinspannungstrafodraht
Tri-Tetrachlorbenzol (Askarele)	- Isolierung - Kühlung
Triallylcyanurat	- Vernetzungsverstärker in Kunststoff
Triglyzinsulfat	- IR-Detektor - Temperaturmessung
Trikresylphosphat	- in Polyesterharzen - in Cellulose - Hilfsstoff in der Gummiindustrie - Weichmacher und Elastikator für Nitrocellulose, synthetischen Kautschuk und Kunstharze
Triperfluorpropylamin	- flüssiges Isoliermittel
Tris(2-chlorethylphosphat)	- Herstellung von Filmen und Kunststoffen - Flammschutz in Textilien
Turmalin (Borsilikat)	- piezoelektrischer Werkstoff
Ungesättigte Polyester, glasfaserverstärkt	- Muffen - Lampengehäuse - Abdeckung von Werkzeugen - Gehäuse von elektrischen Maschinen
Ungesättigte Polyester	- Isolierung - Röhrensockel, Lampenfassung - Spulenkörper - Steckerleisten - Trafoumhüllung - Isolierung von Hochspannungsteilen - Schalter - Tauchharz für elektrische Maschinen
Urethan-Kautschuk (elastische Polyurethane)	- Dichtungen, Manschetten - Lager, Laufrollen
Vanadium und seine Verbindungen	- Legierung für Bau- und Werkzeugstähle

Vaseline	- Imprägnierung
Vinylacatat	- Schallplatten - Lackrohstoff - Ausgangsprodukt für Kunststoffdispersionen
Vinylchlorid	- Schallplatten - Polimerisationsgrundstoff für Kunststoffe (z.B. PVC) - Zwischenprodukt für chlorierte Lösungsmittel
Vulkanfieber	- in Funkenschutzkammern - Dichtungswerkstoff
Wachs	- Imprägnierung
Wasserstoff	- Isolier- und Kühlmittel in schnellaufenden elektrischen Maschinen - Turbogeneratoren - Hilfsmittel für NH_3-Gas im Kühlschrank - gasgefüllte Gleichrichterdioden - Kühlung in Senderöhren
Wismut und seine Verbindungen	- Überhitzungsschutz in Heißwasserspeicher - Feuerlöscheinrichtungen - Legierung in Weichlot
Wismutoxid	- Schichtwerkstoff in der Dickschichttechnik
Wolfram und seine Verbindungen	- Hochvakuumgleichrichterröhre - Ag-W-Kontakte - Elektroden in Leuchtstoffröhre - Glühbirne - Glühwendel - Heizfäden für Röhren
Wolframate	- Leuchtstoff (Leuchtstofflampe)
Wolframkarbid	- Kontaktwerkstoff
Ytterbium und seine Verbindungen	- Lumineszenzaktivator
Yttriumeisengranat	- weichmagnetische Ferrite
Yttriumaluminiumgranat	- Festkörperlaser
Yttriumoxidsulfid	- Leuchtstoff (rot für Farbbildröhre)
Yttriumvanadat	- Leuchtstoff (rot für Farbbildröhre)
Zink und seine Verbindungen	- Überzugsmetall bei Stahl (Korrosionsschutz) - Zn-Kohle-Element - Legierungen (z.B. Zinkdruckguß) - Grundierung (Zink-Staubfarbe) - Metallschicht auf Metallpapierkondensator - pos. Elektrode der Hg-Oxidzelle - Lumineszenzaktivator - Legierung in Lot - Dotiermaterial für LED
Zink-Cadmium-Legierung	- Zn-Cd-Papier (Metallpapierdrucke)

Zinkberylliumsilikat	- Leuchtstoff (gelb bis orange)
Zinkcadmiumsulfid	- Standardleuchtstoff (gelb, grün) - Schwarz-Weiß-Fernsehbildröhre - Radarbildröhren (gelb) - Farbbildröhre (grün)
Zinkcadmiumtellurid	- Fernsehbildaufnahmeröhre
Zinkchlorid, gelöst in Wasser	- Flußmittel (Lötwasser) - Elektrolyt in $ZnCl_2$-Zelle
Zinkchromat	- Grundierung - Pigmente
Zinkdibutyldithiocarbamat	- in hellen Gummisorten
Zinkoxid	- Leuchtstoffe im Oszilloskop - Elektroden in Flüssigkristallanzeige - Gassensor - Varistor
Zinkselenid	- Gunndiode - Fernsehbildaufnahmeröhre
Zinksilikat	- Leuchtstoff (grün) im Oszilloskop
Zinksulfid	- Leuchtstoffe im Oszilloskop - Standardleuchtstoff (blau) für Schwarz-Weiß- Fernsehbildröhren - Radarbildröhren (blau) - Farbbildröhren (blau) - Farbpigment in Kunststoff
Zinn-Cadmium-Legierung	- Selendiode
Zinn und seine Verbindungen	- Überzug für Stahl (Korrosionsschutz) - verzinnte Bauteile - Legierung (z.B. Lot) - Lumineszenzaktivator - Hitzestabilisator in Hart-PVC - Transformatoröle - Pigmente
Zinndioxid	- Flüssigkristallanzeige
Zinnoxid	- Gassensor - Halbleiter
Zirconium und seine Verbindungen	- Getterstoff für Hochlast- und Spezialröhre - Dickschichttechnik
Zirconiumdioxid	- Kondensatordielektrikum - Gassensor

Teil G Datenblätter der Schadstoffe im Elektroschrott

Die nachfolgende Sammlung von Datenblättern dient dem einfachen Nachschlagen von bestimmten Problemstoffen, die im Elektro- und Elektronikschrott auftauchen. Zu jedem aufgeführten Schadstoff wurde diverse Literatur ausgewertet und zur besseren Übersicht wegen in einem Datenblattformat niedergeschrieben. In Verbindung mit Teil I, der Auflistung von Werkstoffen und deren Einsatz, läßt sich das Gefährdungspotential der verschiedenen Verwertungs- und Entsorgungsverfahren mit den angebotenen Daten gut qualifizieren.

Einführend soll kurz der Datenblattaufbau und anschließend die medizinischen Kriterien zur Toxizitätsbeschreibung erklärt werden.

G.1 Datenblattstruktur

Jedes Datenblatt hat die gleiche Struktur, um das Herauslesen der gesuchten Information zu erleichtern.

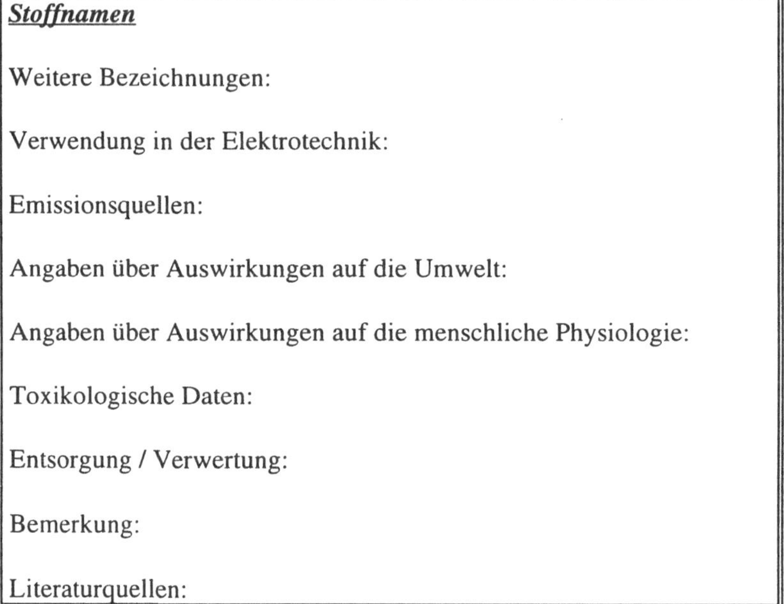

G.2 Erläuterungen der Gefahrenbeurteilung für den Menschen und seine Umwelt

- Beurteilung der Kanzerogenität:
  Die jeweilige Einteilung und Festlegung der Gruppen erfolgt durch die MAK-Kommission.
    - III A 1: Stoffe, die beim Menschen erfahrungsgemäß bösartige Geschwulste hervorrufen können.
    - III A 2: Stoffe, die im Tierversuch erfahrungsgemäß bösartige Geschwulste hervorrufen können, deren Kanzerogenität für den Menschen (noch) nicht bewiesen ist.
    - III B: Stoffe, bei denen ein begründetes Krebspotential vermutet wird.

- Beurteilung der Toxizität von Stoffen:
  In der Regel wird die Gefährlichkeit von Stoffen in Tierversuchen untersucht. Diese Ergebnisse können aber nur unter Vorbehalt des Artenunterschiedes zwischen Versuchstier und Mensch bewertet werden. Eindeutiger ist hingegen der Vergleich von Toxizitätszahlen verschiedener Stoffe auf die gleiche Spezies, aber auch hier werden auf Grund unterschiedlicher Versuchsbedingungen nicht immer allgemeinrepräsentative Ergebnisse erzielt. Den Versuchsergebnissen werden üblicherweise erläuternde Kürzel vorangestellt. Für die Kürzel gilt die Definition aus einer Verordnung der Bundesregierung zum Chemikaliengesetz.

- LD_{50}-Werte (*Lethal Dose Fifty*):
  „Mittlere tödliche Menge eines Stoffes oder einer Zubereitung, die nach Verbringen in den Magen oder auf die Haut von Versuchstieren derselben Art von deren Körper aufgenommen wird und die Hälfte der Versuchstiere tötet; sie wird ausgedrückt in Milligramm pro Kilogramm Körpergewicht (mg/kg).“

- LDL_0-Werte (*Lethal Dose Low*):
  „niedrigste publizierte tödliche Dosis einer Substanz in Mensch oder Tier, auf einem beliebigen Applikationsweg (außer durch Inhalation) in irgendeiner gegebenen Zeit und in einer oder mehreren Teilmengen in den Körper gebracht.“ Einheit mg/kg Körpergewicht.

- LC_{50}-Werte (*Lethal Concentration Fifty*):
  „die mittlere tödliche Konzentration eines Stoffes oder einer Zubereitung, die nach Aufnahme über die Atemwege von Versuchstieren innerhalb eines bestimmten Zeitraumes die Hälfte der Versuchstier tötet. Diese wird ausgedrückt in Milligramm pro Liter Luft pro 4 Stunden und wird an der Ratte als Versuchstier bestimmt.“

- LC_0-Werte (*Lethal Concentration Zero*):
  Die höchste Konzentration, bei der aus einer Auslese von Individuen einer Spezies noch keines gestorben ist.

- TCL_0-Werte (*Toxic Concentration Low*):
  Die niedrigste veröffentlichte Konzentration eines Stoffes in der Luft, die irgendeine toxische Wirkung nach gegebener Expositionsdauer im Mensch hervorgerufen hat, bzw. bei der kanzerogene, neoplastigene oder teratogene Symptome in Mensch oder Tier aufgetreten sind.

– Art der Substanzverabreichung:

oral	über den Mund
dermal, derm.	über die Haut
intraperitonial, ip.	ins Bauchfell gespritzt
subcutan, sc.	unter die Haut gespritzt
intravenös, iv.	in eine Vene gespritzt
intramuskulär, im.	ins Muskelgewebe gespritzt

• Beurteilung der Wassergefährdung:
  Die Gefahr für Gewässer wird durch Wassergefährdungsklassen unterteilt.

WGK	Bedeutung
0:	im allgemeinen nicht wassergefährdend
1:	schwach wassergefährdend
2:	wassergefährdend
3:	stark wassergefährdend

Aluminium

Weitere Bezeichnungen:

Al

Verwendung in der Elektrotechnik:

- Kabelmäntel
- Kondensatorfolien
- Läuferkäfige
- Freileitungsseile
- Guß- und Knetwerkstoffe
- Legierungen (z.B. Lote)
- MOS-Technologie
- Störatome in Halbleitern
- Widerstandswerkstoff (Legierung)
- Wirbelstrombremsen
- Reflektorfolie in Schwarz-Weiß-Bildröhre
- Aluminiumflakes (leitfähiger Füllstoff in Kunststoffen)
- Bauelementgehäuse

Emissionsquellen:

- thermische Behandlungsverfahren (insbesondere bei der Verbrennung) [5]
- mechanische Behandlungsverfahren (Zerkleinerung, Sortier-, Klassier-
  verfahren)
- Staubemissionen aus Shreddermaterialien [5]

Angaben über Auswirkungen auf die Umwelt:

- Veränderungen der Waldflora und daraus resultierender Einfluß auf
  Pflanzenfresser, bzw. auf das Ökosystem des Waldes auf Grund hoher, z.T.
  toxischer Aluminiumkonzentrationen gegenüber denen viele Waldpflanzen
  empfindlich reagieren [1]
- phytotoxische Auswirkungen bei höheren Konzentrationen [5]

Angaben über Auswirkungen auf die menschliche Physiologie:

–   Zusammenhang zwischen Aluminiumablgerungen und der Alzheimer-Krankheit (Akkumulation von Aluminium im Gehirn) [5]
–   Hemmung von Amylasen [3]
–   Inhalation (metallischer Staub, Oxid):
    •   Husten [4]
    •   Kurzatmigkeit [4]
    •   Appetitlosigkeit [4]
    •   Pneumonie [2]
    •   Lungenfibrose [2]
–   möglicherweise Ursache für Stoffwechselerkrankungen [5]
–   Ausscheidung über die Fäzes [5]
–   bei Exposition gegenüber Aluminiumstaub:
    •   Staublunge
–   Enzephalopathie [5]
–   neurotoxische Wirkungen [5]

Toxikologische Daten:

Aluminiumdampf ist etwa um das 1000-fache toxischer als Aluminiumsalz. Zudem werden Dämpfe sofort irreversibel über den Nervus olfactorius im Gehirn eingelagert [5]

Entsorgung / Verwertung:

- Bei größeren Mengen Einschmelzen des Metalls (Sammellogistik besteht)

Bemerkung:

Nach [5] müssen für eine Aluminiumvoruntersuchungsreihe ca. 100 Zähne von Anliegern untersucht werden.

Literaturquellen:

[1] Henrichfreise, A.: Aluminiumtoleranz von Luzula albida und Milium effusum, Pflanzen saurer und basischer Laubwaldböden. Acta Oecol. 2 (1981), S 87 - 100.

[2] Wirth, W.; Hecht, G.; Gloxhuber, C.: Toxikologie-Fibel. 2. Auflage, Georg Thieme, Stuttgart (1971), 113f.

[3] Mc Geachin, R.L.;Pavord, W.M.; Pavor, W.C.: Inhibition of Various Mammalian Amylases by Beryllium and Aluminium. Biochem. Pharmacol. 11 (1962), S. 493-498.

[4] Perry, K.M.A.: Pulmonary Disease in Relation to Metallic Oxides. Lancet 1955/II, S. 453-469.

[5] Daunderer, M.: Handbuch der Umweltgifte: klinische Umwelttoxikologie für die Praxis. ecomed, Landsberg/Lech, 1990.

Ammoniak

Weitere Bezeichnungen:

NH_3, wäßrige Lösung: Salmiakgeist

Verwendung in der Elektrotechnik:

- Kältemaschinen (Kältemittel im Kühlschrank)
- in Elektrolytkondensatoren

Emissionsquellen:

   Bei Öffnen der Kühlmittelkreisläufe (thermische oder mechanische Verwertung, Aufarbeitung, Entsorgung oder Instandsetzung)
- Undichte Kühlmittelkreisläufe

Angaben über Auswirkungen auf die Umwelt:

- wassergefährdend (Wassergefährdungsklasse 2) [1]

Angaben über Auswirkungen auf die menschliche Physiologie:

- stark ätzend [1]
- entzündliche Rötung und Blasenbildung auf Haut und Schleimhäuten [2]
- akute Vergiftung:
  - Inhalation:
    - Lungenödem [1]
    - Glottiskrampf [2]
      in abgeschwächter Form:
      Reizung von Augen, Nase und Rachen in Verbindung mit Atemnot, Husten, blutigem Auswurf, Pneumonie und Lungenödem;
  - Magenentzündung, blutiges Erbrechen bis hin zum Kollaps [2]
    Schädigung der Augen durch Dämpfe (Entzündung, Hornhauttrübung, Erblindung bis hin zum Einschmelzen des gesamten Organs) [2]

chronische Vergiftung [2]:
- Augenentzündung
- Hornhauttrübung
- Bronchialkatarrh
- blutiger Auswurf
- Verdauungsstörungen

Ammoniak kann auch in tiefere Gewebeschichten eindringen und dortVerätzungen hervorrufen. [2]

Toxikologische Daten:

Entsorgung / Verwertung:

- kleine Mengen verdünnen, ggf. mit Säure neutralisieren [1]

Bemerkung:

Selbst große Mengen werden vom menschlichen Organismus relativ schnell in Harnstoff umgewandelt, weshalb resorptive Ammoniakvergiftungen mit charakteristischen Ammoniakdämpfen praktisch nicht vorkommen [2]

Literaturquellen:

[1] Welzbacher, U.: Neue Arbeitsblätter für gefährliche Arbeitsstoffe nach der Gefahrstoffverordnung. Stand August 1993.
[2] Wirth, W.; Hecht, G.; Gloxhuber, C.: Toxikologie-Fibel. 2. Auflage, Georg Thieme, Stuttgart (1971), S. 3.

Ammoniumchlorid

Weitere Bezeichnungen:

Chlorammonium, Lötstein

Verwendung in der Elektrotechnik:

- Trockenbatterien
- Gassensor
- gelöst in Wasser: Flußmittel (Lötwasser)
- Zink-Salmiak-Braunstein-Zelle

Emissionsquellen:

- mechanische und thermische Bearbeitungsverfahren (Herstellung, Verwertung, Entsorgung)
- beim Löten

Angaben über Auswirkungen auf die Umwelt:

- wassergefährdend (Wassergefährdungsklasse 1) [1]

Angaben über Auswirkungen auf die menschliche Physiologie:

- therapeutisch:
  - zur Ansäuerung [1]
- größere Mengen:
  - Acidose und Abnahme der Alkalireserve [1]
- intestinale Symptomatik [1]
- Koma [1]
- bei Leberinsuffizienz:
  - Ammoniakvergiftung möglich [1]
- Gefahr eines Lungenödems [1]

Entsorgung / Verwertung:

- Sondermüll [1]
- kleine Mengen: mit viel Wasser wegspülen [1]

Bemerkung:

Literaturquellen:

[1] Welzbacher, U.: Neue Arbeitsblätter für gefährliche Arbeitsstoffe nach der Gefahrstoffverordnung. Stand August 1993.

Antimontrioxid

Weitere Bezeichnungen:

Antimon(III)-oxid, Antimonweiß

Verwendung in der Elektrotechnik:

- Flammhemmer in Kunststoff

Emissionsquellen:

- thermische Behandlungsverfahren zur Verwertung oder Entsorgung

Angaben über Auswirkungen auf die Umwelt:

- bei Tieren kanzerogen

Angaben über Auswirkungen auf die menschliche Physiologie:

- in Tierversuchen eindeutig kanzerogen (krebserzeugend nach Gruppe: III A 2) [1]
- Schädigung des Herzmuskels im Tierversuch nachgewiesen [1]
- steht im Verdacht das ZNS zu schädigen [1]
- Inhalation:
  - Reizung des Atemtraktes [1]
- längere Exposition der Haut:
  - Dermatiden [1]
- chronische orale Inkorporation:
  - Leber- und Nierenschäden

Toxikologische Daten:

Entsorgung / Verwertung:

- Sondermüll [1]

Bemerkung:

Literaturquellen:

[1] Welzbacher, U.: Neue Arbeitsblätter für gefährliche Arbeitsstoffe nach der Gefahrstoffverordnung. Stand August 1993.

Arsen und seine Verbindungen

Weitere Bezeichnungen:

As

Verwendung in der Elektrotechnik:

- Akkumulatorgase (Arsenwasserstoff, eine Verunreinigung von Wasserstoff, bildet sich aus mit Arsen belasteten Metallen (Blei, Zink, Eisen) oder Säuren (Schwefel- und Salzsäure) [3]
- Störatome in Halbleitern

Emissionsquellen:

- mechanische oder thermische Behandlungsverfahren zur Verwertung oder Entsorgung, z.B. Müllverbrennung [4]
- Kohleverbrennung [4]

Angaben über Auswirkungen auf die Umwelt:

- Arsen besitzt eine biologische Halbwertszeit von rund 60 Tagen (Ratten und Kaninchen) [1]
- ausgesprochene Phytotoxizität (Einsatz als Pestizid) [4]

Angaben über Auswirkungen auf die menschliche Physiologie:

- akute Intoxikation (Arsenwasserstoff) [3]
  einige Stunden nach erfolgter Inhalation:
  - Benommenheit
  - Kälte
  - Kopfschmerzen
  - Angst- und Kältegefühl
  - Übelkeit
  - Schmerzen im Oberbauch
  - Erbrechen
  - Fieber

anschließend:
- Gelbsucht
- Hämolyse: roter und danach dunkelbrauner Harn, u.U. Tod durch Urämie, Anzahl der Erythrozyten kann sich bis auf die Hälfte verringern
- Herz- und Leberschäden

– chronische Intoxikation (Arsenwasserstoff) [3]:
- Kopfschmerz
- Appetitlosigkeit
- Anämie

– Nach [4]:
- Appetitlosigkeit
- Gewichtsabnahme
- Erbrechen
- Durchfall oder Obstipation
- Gastritis
- Bronchitis
- Gefäßschädigungen
- Entzündung der Konjunktival-, Nasen-, Rachen- und Kehlkopfschleimhaut
- Stomatitis
- Metallgeschmack im Mund
- Hyperkeratose
- Arsenmelanose: (kleinfleckige, schmutzig braun-graue Hautverfärbung)
- Hyperhydrosis
- Arsenpolyneuritis
- Arsenenzephalopathie
- Anämie
- Agranulozytose
- Thrombopenie
- Durchblutungsstörungen
- Leberschäden
- Gangrän der Extremitäten
- maligne Tumoren [4]

– Nach [2]:
- schwere gastro-intestinale Störungen
- Erbrechen
- blutige Durchfälle
- Hämaturie
- Albuminurie
- Nierenversagen
- Blutdruckabfall bis zum Kreislaufkollaps

– zumindest die anorganischen Verbindungen wirken mutagen, teratogen und kanzerogen [4]

- Arsen steht im Verdacht, im Rahmen von Spätschäden karzinogen zu wirken [1]
- Arsen blockiert SH-Gruppen, wobei die Toxizität im wesentlichen durch die Hemmung SH-abhängiger Enzyme, Substrate und Intermediärprodukte zustande kommt.
- Im Magen-Darm-Trakt werden über 80% der drei- und fünfwertigen anorganischen Verbindungen resorbiert, während andere Verbindungen jahrelang immobilisiert im Organismus verbleiben. [4]
- Über das Blut Ausscheidung (über 90%) von drei- und fünfwertigem Arsen mit einer Halbwertszeit von 1-2 Stunden, ansonsten mit Halbwertszeiten von 30 bis 200 Stunden [4]
- chronische Inhalation:
  - lokale Reizung von Haut und Schleimhäuten
  - Dermatitis
  - Geschwüre
  - Perforationen des Nasenseptums [4]
- sensibilisierend [4]
- Ätz-, Kapillar- und Zellgift [4]

Toxikologische Daten:

- Tödliche Konzentrationen von Arsenwasserstoff beim Menschen [3]:
  - sofort tödlich: 1550 ppm
  - innerhalb 1/2 Stunde: 250 ppm
  - einstündige Inhalation: 30 ppm

Entsorgung / Verwertung:

- Metallisches Arsen kann einer Wiederaufarbeitung zugeführt werden.
- ansonsten Entsorgung als Sondermüll [2]

Bemerkung:

- Die Halbwertszeit beim Menschen wird beispielsweise für Arsenarsenat mit 2,1 Tagen für 66%, 9 Tagen für 30% und 38 Tagen für 4% angegeben [1]
- Reines, metallisches Arsen wird als ungiftig bezeichnet. Die toxischen Wirkungen werden von Verunreinigungen durch Oxide hervorgerufen [1,2], bzw. durch seine oxidierten Ausführungsformen (arsenige Säure, Arsenik) [3]

Literaturquellen:

[1] Koch, R.: Umweltchemikalien. VCH, Weinheim (1989), S. 70 -74.
[2] Welzbacher, U.: Neue Datenblätter für gefährliche Arbeitsstoffe nach der Gefahrstoffverordung. Stand 1993.
[3] Wirth, W.; Hecht, G.; Gloxhuber, C.: Toxikologie-Fibel. 2. Auflage, Georg Thieme, Stuttgart (1971), S. 3.
[4] Daunderer, M.: Handbuch der Umweltgifte: Klinische Umwelttoxikologie für die Praxis. ecomed, Landsberg/Lech, 1990.

Asbest (Chrysotil)

Weitere Bezeichnungen:

Unter Asbest versteht man eine Vielzahl faserförmiger Silikate, die aus Silicium, Sauerstoff, Wasserstoff und Metallkationen wie Natrium, Magnesium, Calcium, Eisen u.a. zusammengesetzt sind. Es werden zwei Hauptformen unterschieden: Serpentine (Chrysotil, hauptsächlich in der Elektrotechnik verwendet) und Amphibole.

Verwendung in der Elektrotechnik:

- Elektroinstallation (Elektroisolation, Wärmeisolation, Wickelbänder) [2]
- Schall- und Wärmeisolierung, Brandschutz [2]
- Verunreinigung in Talkum [2]
- Verstärkungsstoff in Duroplasten [2]
- Heizkissen
- Weichdichtungen
- Füllstoff
- Trägermaterial für induktionsarme Widerstände und Heizleiter
- Formteile, Rohre (Eternit)
- säurebeständige Filter
- Kupplungsbeläge

Emissionsquellen:

- alle asbesthaltigen Bauteile, bei denen ein Abtragen durch Luftbewegung besteht
- Trinkwasserrohre, wenn der pH-Wert unter der Kalksättigung liegt, löst sich die Zementmatrix der Rohre auf [2]
- mechanische und thermische Behandlungsverfahren

Angaben über Auswirkungen auf die Umwelt:

- Kanzerogenität bei Tieren

Angaben über Auswirkungen auf die menschliche Physiologie:

- krebserzeugend nach Gruppe: III A 1 [1]
- Die Kanzerogenität ist von der Faserstärke abhängig [2]
- Krankheitsursachen sind lungengängige asbesthaltige Stäube. Die Fasern bohren sich in das Lungengewebe, um dort chronische Entzündungen hervorzurufen, Lungenkrebs nach jahrelanger Latenzzeit kann die Folge sein [2]
- Asbestfasern passieren die Plazenta:
  - Teratogenität [2]
- Asbestfasern passieren die Wände des Magen- und Darmtraktes und gelangen hierdurch in die Blutbahn [2]
- Verdacht von mutagenen Wirkungen durch mechanische Reizungen der DNA [2]
- Eine potenzierende karzinogene Wirkung ist bei kombinierter Applikation von Asbest und Benzo(a)pyren festgestellt [4]
- Asbestose (chronische Fibrose) der Lunge und/oder der Pleura [1,2] (gilt als Ursache von Lungenkrebsfällen [3])
- Mesotheliome der Pleura und des Peritoneums (Rippen- und Bauchfellkrebs) [1,2,3]

Toxikologische Daten:

TDL_0 (oral Ratte)	7100 mg/kg [2]
TCL_0 (inhal. Ratte)	12 mg/m^3 [2]

Entsorgung / Verwertung:

- Vor Transport asbesthaltiger Materialien feucht aufnehmen und staubdicht verpacken [1] oder mit hydraulischen Bindemitteln (z.B. Zement) stabilisieren. Nur mit Zustimmung der zuständigen Behörde kann bei der Entsorgung auf Sonderabfalldeponien auf eine Stabilisierung verzichtet werden, nicht jedoch auf die Befeuchtung und die staubdichte Verpackung [2]
- Bei der Deponierung ist auf hohlraumfreien Einbau und Vermeidung von Windflug zu achten.
- nicht verwertbar, d.h. nicht Bauschuttaufbereitungsanlagen zuzuführen oder im Wegebau verwendbar
- Transport genehmigungspflichtig (Abfallbeseitigungsgesetz) [2]

Bemerkung:

- Es gibt keine verläßlichen Grenzwerte für Faserstrukturen, ab denen eine Kanzerogenität vernachlässigt oder ausgeschlossen werden kann [2]
- Asbestfasern besitzen eine hohe Affinität zu NH_3- und H_2O-Molekülen
- Asbestfasern stellen ein langfristiges Gefahrenpotential dar, insbesondere dort, wo durch Windeinwirkung die Möglichkeit der Verwirbelung besteht, wegen hoher Persistenz der Asbestfasern [2]
- Rauchen erhöht die Erkrankungsgefahr
- Krebszellenbildung durch bestimmte Faserstruktur:

Länge:	5 mm
Durchmesser:	3 mm
Längen - Durchmesser - Verhältnis:	> 3:1

Literaturquellen:

[1] Welzbacher, U.: Neue Arbeitsblätter für gefährliche Arbeitsstoffe nach der Gefahrstoffverordnung. Stand   August 1993

[2] Roth, L.; Daunderer, M.: Giftliste. Giftige, gesundheitsschädliche, reizende und krebserzeugende Stoffe. 6. Auflage ecomed (30.10.1993), III Giftmonographien, Asbest.

[3] Wirth, W.; Hecht, G.; Gloxhuber, C.: Toxikologie-Fibel. 2. Auflage, Georg Thieme, Stuttgart (1971), S. 79f.

[4] Koch, R.: Umweltchemikalien. VCH, Weinheim (1989), S. 80.

Acrylnitril

Weitere Bezeichnungen:

Verwendung in der Elektrotechnik:

- Ausgangsmaterial zur Kunststoffherstellung (ABS, SAN) und für Kunstfasern

Emissionsquellen:

- thermische Behandlungsverfahren

Angaben über Auswirkungen auf die Umwelt:

- schon geringe Mengen sind trinkwassergefährdend (Wassergefährdungsklasse 3) [1]
- in Flußwasser vollständiger Abbau in 6 Tagen
- bei Ratten Bildung von Tumoren in verschiedenen Organen [2]

Angaben über Auswirkungen auf die menschliche Physiologie:

- Giftwirkung beruht auf Freisetzung von Blausäure
- Bei Inhalation Schädigung an:
  - Leber
  - Nieren
  - ZNS
  - Herz (Herzrhythmusstörungen) [1]
- Hautkontakt [1]:
  - Resorption
  - Reizung
  - Blasenbildung
- krebserzeugend: Gruppe: III A 2 [1]

Entsorgung / Verwertung:

- Sondermüll
  kleine Mengen mit Universalbinder (Blähglimmer, Kieselgur) stabilisieren [1]

Literaturquellen:

[1] Welzbacher, U.: Neue Arbeitsblätter für gefährliche Arbeitsstoffe nach der Gefahrstoffverordnung. Stand August 1993.
[2] Rippen: Handbuch Umweltchemikalien, Band 4

Barium und seine Verbindungen

Weitere Bezeichnungen:

Ba

Verwendung in der Elektrotechnik:

- Getterstoff (Sorptionsmedium)
- in Bildröhren, Fernseher

Emissionsquellen:

- Wasser eluiert Barium aus deponierten Bildschirmen
- bei mechanischen und thermische Bearbeitungsverfahren (Herstellung, Verwertung, Entsorgung)

Angaben über Auswirkungen auf die Umwelt:

Angaben über Auswirkungen auf die menschliche Physiologie:

- Ablagerung in den Knochen [1]
- Resorption der wasserlöslichen Salze aus dem Magen-Darm-Trakt [1]
- Ausscheidung über Fäzes, z.T. auch über die Nieren [1]

Toxikologische Daten:

Entsorgung / Verwertung:

- Sondermüll, Untertagedeponie

Bemerkung:

Literaturquellen:

[1] Wirth, W.; Hecht, G.; Gloxhuber, C.: Toxikologie-Fibel. 2. Auflage, Georg Thieme, Stuttgart (1971), S. 110f.

Bariumoxid

Weitere Bezeichnungen:

BaO, Bariummonoxid, Baryt, calcinierter Baryt

Verwendung in der Elektrotechnik:

- Licht- und Wärmeschutzmittel in Kunststoffen
- Hochvakuum-Gleichrichterdiode
- Elektrodenbeschichtung in Leuchtstoffröhre
- Kathodenoberfläche von Elektronenröhre

Emissionsquellen:

- bei mechanischen und thermischen Behandlungsverfahren zur Verwertung oder Entsorgung von Elektroschrott

Angaben über Auswirkungen auf die Umwelt:

- wassergefährdend (Wassergefährdungsklasse 1) [1]
- TA-Luft: wie Gesamtstaub behandeln [1]

Angaben über Auswirkungen auf die menschliche Physiologie:

- gesundheitsschädlich beim Einatmen und Verschlucken [1]
- reizt Haut und Schleimhäute [1]
- ätzend [2]

Toxikologische Daten:

Entsorgung / Verwertung:

- bis zu einigen kg: Barium mit verdünnter Schwefelsäure als Sulfat ausfällen [1]

Bemerkung:

Literaturquellen:

[1] Welzbacher, U.: Neue Arbeitsblätter für gefährliche Arbeitsstoffe nach der Gefahrstoffverordnung. Stand August 1993.
[2] Wirth, W.; Hecht, G.; Gloxhuber, C.: Toxikologie-Fibel. 2. Auflage, Georg Thieme, Stuttgart (1971), S. 3.

Beryllium und seine Verbindungen

Weitere Bezeichnungen:

Be

Verwendung in der Elektrotechnik:

- Legierungsbestandteil (z.B. Lot)
- Leuchtröhrenherstellung
- Röntgentechnik (durchlässig für Röntgenstrahlen)
- Raumfahrttechnik (Konstruktionswerkstoff)

Emissionsquellen:

- mechanische und thermische Bearbeitungsverfahren (Herstellung, Verwertung, Entsorgung)

Angaben über Auswirkungen auf die Umwelt:

- hohe Fisch- und Mikroorganismentoxizität, abhängig von der Wasserhärte (in weichem Wasser 100mal toxischer als in hartem) [2]

Angaben über Auswirkungen auf die menschliche Physiologie:

- krebserzeugend nach Gruppe: III A 2 [1,2]
  - Lungentumore [2]
  - Knochenkrebs [2]
- Inhalation:
  - Reizung der Atemwege bis hin zu einer Bronchopneumonie [5]
  - Metalldampffieber (massives Einatmen) [1]
- Hautverletzungen heilen schlecht [1]
- Lungenfibrose [1]
- Langzeitexposition [1]:
  - Anreicherung in Knochen und Leber (wird dort wieder remobilisiert und ebenfalls in den Knochen abgelagert)
  - inhalativ:
  - langsame Ausscheidung über Lunge und Nieren [1,2]
- potentiell mutagen und teratogen [2]

- chronische Intoxikation [2]:
  - differenzierte Organschädigungen (Herz, Niere, Leber, Lunge)
  - Aktivitätsänderungen von Leberenzymen
  - Ablagerungen im Knochengewebe
  - DNA-Schädigungen
- Resorption nur in geringen Mengen über Magen-Darm-Trakt
- Hemmung der Amylase und der alkalischen Phosphatase [4]
- Konjunktivitis, Schleimhautreizung der oberen Luftwege, Dermatiden, Granulome nach Kontakt mit fluoreszierenden Berylliumverbindungen (z.B. durch Schnittwunden), die in Leuchtstoffröhren eingesetzt werden [1]
- akute Intoxikation [1]:
  - Husten
  - blutiges Sputum
  - retrosternaler Schmerz
  - Dyspnoe
  - Zyanose
  - Gewichtsverlust
- chronische Intoxikation [1]:
  - Latenzzeiten von einigen Monaten (Berylliumpneumonie bis zu mehreren Jahren)
  - Schwäche
  - Appetitlosigkeit
  - Gewichtsverlust
  - Husten
  - Dyspnoe
  - Tachykardie

Toxikologische Daten:

Mortalität der Berylliumpneumonie:	17% [5]
Mortalität der Berylliose:	10-26% [5]
LD_{50} (oral,Ratte)	9,7 mg/kg [2]
LD_{50} (iv.,Ratte)	0,44 mg/kg [2]
LD_{50} (inhal.,Ratte)	0,19 mg/kg [2]
LDL0 (inhal.,Mensch)	0,1 mg/m3 [2]

Entsorgung / Verwertung:

- diverse Recyclingverfahren, ansonsten Sondermüll
- Untertagedeponie
- Sonderabfalldeponie

Bemerkung:

Literaturquellen:

[1] Welzbacher, U.: Neue Arbeitsblätter für gefährliche Arbeitsstoffe nach der Gefahrstoffverordnung. Stand August 1993.
[2] Koch, R.: Umweltchemikalien. VCH, Weinheim (1989), S. 91-95.
[3] Wirth, W.; Hecht, G.; Gloxhuber, C.: Toxikologie-Fibel. 2. Auflage, Georg Thieme, Stuttgart (1971), S. 112f.
[4] Mc Geachin, R.L.;Pavord, W.M.; Pavor, W.C.: Inhibition of Various Mammalian Amylases by Beryllium and Aluminium. Biochem. Pharmacol. 11 (1962), S. 493-498.
[5] Editorial: Beryllium Poisoning. Lancet 1966/II, S. 152-154.

Blei und seine Verbindungen

Weitere Bezeichnungen:

Pb

Verwendung in der Elektrotechnik:

- in Akkumulatoren
- Kabelummantelungen
- in Legierungen (Lote)
- Akkuplatten
- Kristallinsenglas
- Strahlenschutz (Monitore)
- Farbenherstellung (Grundierung), Pigmente
- Lumineszenzaktivator
- optische Halbleitersensoren
- piezoelektrischer Werkstoff
- Kondensatorkeramik

Emissionsquellen:

- Stäube in Abgasen von Verbrennungsprozessen
- Stäube mechanischer Bearbeitungsverfahren
- mechanische und thermische Behandlungsverfahren zur Verwertung und Entsorgung von Elektroschrott

Angaben über Auswirkungen auf die Umwelt:

- stabile Komplexe organischer Bodenbestandteile immobilisieren Blei [2]
- Anreicherung in aquatischen und terrestrischen biologischen Ketten (Konzentrationen in Pflanzen bis zu 10 mg/kg) [2]
- Hemmung der Chlorophyllsynthese bei Pflanzen [3]
- Fischtoxizität bei zunehmender Wasserhärte fallend [3]

Angaben über Auswirkungen auf die menschliche Physiologie:

- krebserzeugend nach Gruppe: III B [3]
- akute Vergiftung [3]:
  - Blut-, Häm-System [2]
  - Nerven- und Nierenschäden durch freigesetzte Bleiionen [1]
  - Übelkeit
  - Erbrechen
  - Darmkoliken
  - Obstipation oder Durchfall
  - Kreislaufkollaps
  - Schock
  - Harnverhalten
  - Tetraplegie (schlaffe Lähmungen aller Extremitäten)
  - Bleienzephalopathie
  - akutes Leberversagen
  - muskuläre Schwächen
  - Schädigung des ZNS (Kopfschmerzen, Schlaflosigkeit, Depressionen, Parästhesien, Koma)
  - ohne Behandlung tödlicher Verlauf [3]
- chronische Vergiftung [3]:
  - Anämie
  - Bleikolorit
  - Gelbsucht
  - Amblyopathia saturnina
  - Hypertonie
  - Gastroduodenalulzera
  - Bleikoliken
  - Bleinephropathie
  - " Bleigicht"
  - Bleisaum an den Zähnen
  - Encephalopathia saturnia (Erwachsene)
  - Bleienzephalopathie (Kinder)
  - Nervensystem
  - Blei-Arthralgie
  - Libidoschädigung
  - Schädigung der Leber und des Knochenmarks
  - Knochenveränderung
  - Nierenversagen
- 20-50 g wirken tödlich [1]
- Anreicherung und Ablagerung in den Knochen [2]
- Veränderung der Membranpermeabilität verbunden mit Verminderung des aktiven Kalium- und Natriumtransportes [2]
- Schädigung des ZNS [2]

- Plazentapassage und Belastung des Föten [2]
- Störung des Immunsystems [2]
- Speicherungsrate von Nahrung abhängig:
  $\Rightarrow$ hoher Calcium-, niedriger Phosphorgehalt bewirken schnelle Remobilisierung, bzw. hohe Blutbeiwerte
  $\Rightarrow$ niedriger Calcium- und hoher Phosphoranteil senken die Remobilisierungsrate
  $\Rightarrow$ hoher Vitamin D-Gehalt erhöht Bleispeicherkapazität und vermindert Remobilisierung [2]
- Substitution anderer Metallionen und Blockierung von Thiolgruppen durch Inaktivierung spezifischer Enzyme, außerdem Hemmung der Hämoglobinsynthese durch inkorporiertes Blei [3]
- Störung der Alveolarmakrophagentätigkeit
- Bei Schwangeren Verdacht auf Fruchtschädigung [3]
- Über die Atemwege leichtere Resorption als über die Verdauungsorgane [3]
- selten Akutvergiftungen auf Grund der schlechten Löslichkeit und geringen Resorbierbarkeit [3]

Toxikologische Daten:

LD_{50} (oral, Ratte)	430 mg/kg Blei(II)-oxid [3]
LD_{50} (oral, Meerschweinchen)	220 mg/kg Blei(II,IV)-oxid [3]
LD_{50} (oral, Meerschweinchen)	200 mg/kg Bleidioxid [3]

Entsorgung / Verwertung:

- große sortenreine Mengen:
  diverse Recyclingverfahren
- ansonsten:
  Sondermüll [1], zuvor Überführung der Bleiverbindungen vom löslichen in den unlöslichen Zustand [2]
- Bleihaltige Farb- und Lackreste, organobleihaltige Schlämme:
  Sondermülldeponie, ggf. mit entsprechender Vorbehandlung
- Prof. H. Fischer [3] empfiehlt als Standardmethode zur Bleirückgewinnung aus Bleichlorid- und aus Bleisulfatsalzen:
  Verunreinigte Rückstände und Bleiverbindungen mit Salpetersäure in Bleinitrat umsetzen und anschließend mit heißer, gesättigter Sodalösung zu Bleicarbonat reagieren lassen. Im Verhältnis zu den Chlorid- und Sulfatsalzen hat Bleicarbonat eine geringere Löslichkeit
- Sonderabfalldeponie

Bemerkung:

- Bildung von Bleiionen durch Reaktion mit Luft und Wasser [1]
- Leichtlösliche anorganische und Organobleiverbindungen sind bei weitem
  toxischer als elementare Bleikontaminationen [3]

Literaturquellen:

[1] Welzbacher, U.: Neue Arbeitsblätter für gefährliche Arbeitsstoffe nach der
  Gefahrstoffverordnung. Stand August 1993.
[2] Koch, R.: Umweltchemikalien. VCH, Weinheim (1989), S. 101-109.
[3] Roth, L.; Daunderer, M.: Giftliste. Giftige, gesundheitsschädliche, reizende
  und krebserzeugende Stoffe. 6. Auflage ecomed (30.10.1993), III
  Giftmonographien, Blei.

Bleidioxid

Weitere Bezeichnungen:

Blei(IV)-oxid, Bleiperoxid, Bleisuperoxid

Verwendung in der Elektrotechnik:

- Blei-Akkumulator (pos. Platten)

Emissionsquellen:

- bei Akkuaufbereitung und Verwertung
- mechanische und thermische Bearbeitungsverfahren zur Verwertung und Entsorgung
- unkontrolliertes Deponieren oder Lagern von Altakkus

Angaben über Auswirkungen auf die Umwelt:

- wassergefährdend (Wassergefährdungsklasse 2) [1]

Angaben über Auswirkungen auf die menschliche Physiologie:

- akute Vergiftung:
  - Blut-, Nerven-, Nierenschädigung durch freigesetzte Bleiionen (20-50 g wirken tödlich) [1]

Toxikologische Daten:

Entsorgung / Verwertung:

- Sondermüll [1]
- soweit nicht aufarbeitungswürdig, Entsorgung auf Sonderabfalldeponie

Bemerkung:

Literaturquellen:

[1] Welzbacher, U.: Neue Arbeitsblätter für gefährliche Arbeitsstoffe nach der Gefahrstoffverordnung. Stand August 1993.

Bleioxid

Weitere Bezeichnungen:

Bleiglätte, Bleimonoxid, Blei(II)-oxid, Lithargit, Massicotit

Verwendung in der Elektrotechnik:

- Akku
- Bildaufnahmeröhre einer Fernsehkamera

Emissionsquellen:

- mechanische und thermische Bearbeitungsverfahren zur Verwertung oder Entsorgung

Angaben über Auswirkungen auf die Umwelt:

- wassergefährdend (Wassergefährdungsklasse 2) [1]

Angaben über Auswirkungen auf die menschliche Physiologie:

- akute Vergiftung:
     Blut-, Nerven- und Nierenschäden durch freigesetzte Bleiionen [1]

Toxikologische Daten:

- 20-50 g wirken tödlich [1]

Entsorgung / Verwertung:

- Sondermüll [1]
- soweit nich aufarbeitungswürdig, Entsorgung auf Sonderabfalldeponie

Bemerkung:

Literaturquellen:

[1] Welzbacher, U.: Neue Arbeitsblätter für gefährliche Arbeitsstoffe nach der Gefahrstoffverordnung. Stand August 1993.

Borsäure

Weitere Bezeichnungen:

Acidum boricum, H_3BO_3

Verwendung in der Elektrotechnik:

- Entfettungsmittel
- Flüssigkeit im Elektrolytkondensator

Emissionsquellen:

- mechanische und thermische Bearbeitungsverfahren zur Verwertung und Entsorgung

Angaben über Auswirkungen auf die Umwelt:

Angaben über Auswirkungen auf die menschliche Physiologie:

- schnelle Resorption aus Magen-Darm-Trakt, keine [2], bzw. nur unbedeutende Mengen [3] über die Haut
- gute Resorption über Schleimhäute und Wundoberflächen [1]
- Ausscheidung: Nieren 90%, Kot 10% [1]
- akute Intoxikation:
    Symptome entwickeln sich langsam und beginnen mit [1]:
    - Erbrechen
    - Durchfall
    - Krämpfe
    - Meningismus
    - Dermatitis exfoliativa (Kinder)
    [4] beschreibt zusätzlich bei Kindern:
    - allgemeines Erythem
    - Röte von Fingern, Nase und Ohren
    - Lungenkomplikationen

- Spätsymptome:
    Kleinkinder [2]:
    - Konvulsionen
    - Kollaps
    - Koma
    - Desquamation der Hautläsionen
    - Ödeme im Bereich der Genitalien
    - Oligurie
    - Anurie
- chronische Intoxikation (Borismus) [1]:
    z.B. medizinisch nach 3 - 4 wöchiger Dosierung mit 4-5 g Borsäure
    - Durchfall, bewirkt Abmagerung des Patienten
    - Neigungen zu Blutungen möglich
    - Nierenreizungen und -blutungen
    - Auswirkungen auf das zentrale Nervensystem (Benommenheit, Depression, Verwirrtheitszustände, Epileptiker: Wegfall der Krämpfe)
    - Anämie
    - Kachexie
    - hartnäckige schuppende und juckende Hautausschläge (Psoriasis borica)

Toxikologische Daten:

- letale Konzentrationen: ca. 500 mg/l
    (ein genauer Grenzwert ist nicht bekannt [1])
- biologische Halbwertszeit erhöhter Borkonzentrationen im Blut: 10 h [1]
- tödliche Borsäuredosis [1]:
    Erwachsener: 18-20 g
    Kinder: 5-6 g

Entsorgung / Verwertung:

- Sondermüll

Bemerkung:

Literaturquellen:

[1] Wirth, W.; Hecht, G.; Gloxhuber, C.: Toxikologie-Fibel. 2. Auflage, Georg Thieme, Stuttgart (1971), S. 77f.
[2] Editorial: Borated Talcum Powders. Brit. med.J. 1955/II, S. 482f.
[3] Henschler, D.: Kritisches zur Gefährdung und Vergiftung durch Borsäure im Kindesalter. Vortrag auf der 17. Tagung der Nordwestdeutschen Ges. f. Kinderheilkunde, Mai 1968. Ref in Alete-Reihe 2 (1968), S. 32.
[4] Editorial: Poisoned Nappies. Brit. med. J.1954/II, S. 222.

Brom und seine Verbindungen

Weitere Bezeichnung:

Br

Verwendung in der Elektrotechnik:

- Halogenlampen
- Flammhemmer
- Dia- und Schmalfilmprojektor

Emissionsquellen:

- mechanische und thermische Bearbeitungsverfahren zur Verwertung und Entsorgung
- in Form bromierter Dioxine bei thermischer Entsorgung (Müllverbrennung)
- Ausdunstung (PBDF und PBDD in Kleinstmengen) aus Kunststoffteilen, die bromierte Flammhemmer enthalten [3]

Angaben über Auswirkungen auf die Umwelt:

- wassergefährdend [1]
- Giftwirkung auf Fische und Fischnährtiere [1]
- bromhaltiges Wasser wirkt korrodierend [1]

Angaben über Auswirkungen auf die menschliche Physiologie:

- stark ätzend für Haut, Augen und Atemwege (unter Blasen- und Schuppenbildung) [1,2]
- Inhalation [1]:
  - Lungenödem (massives Einatmen)
  - spastische Zustände im Bronchialsystem

Toxikologische Daten:

Entsorgung / Verwertung:

– kleine Mengen:
  Durch Destillation zurückgewinnen oder mit Überschuß von Natriumthiosulfatlösung bzw. mit alkalischer Sodalösung umsetzen und mit viel Wasser wegspülen. Bromdämpfe können mit trockenem Ammoniak umgesetzt werden. [1]

Bemerkung:

Literaturquellen:

[1] Welzbacher, U.: Neue Arbeitsblätter für gefährliche Arbeitsstoffe nach der Gefahrstoffverordnung. Stand August 1993.
[2] Wirth, W.; Hecht, G.; Gloxhuber, C.: Toxikologie-Fibel. 2. Auflage, Georg Thieme, Stuttgart (1971), S. 74f.
[3] Fleischer, Prof. Dr. G. (Herausgeber): Computerschrott-Recycling. 1. Auflage, Erich Schmidt Verlag, Berlin (1992), S. 61f.

1,3-Butadien

Weitere Bezeichnungen:

Verwendung in der Elektrotechnik:

- Grundstoff von Synthesekautschuk und von thermoplastischen Terpolymeren

Emissionsquellen:

- Bei der Kautschuksynthese

Angaben über Auswirkungen auf die Umwelt:

- wassergefährdend (Wassergefährdungsklasse 2) [1]

Angaben über Auswirkungen auf die menschliche Physiologie:

- krebserzeugend nach Gruppe: III A 2 [1]
- in hohen Dosen narkotische Wirkung [1]
- schleimhautreizend [1]

Toxikologische Daten:

LC_{50} (inhal.,Ratte)	285 mg/m3 (4h) [1]
LC_{50} (inhal.,Maus)	220 mg/m3 (2h) [1]
TCL_0 (inhal.,Mensch)	2000 ppm (7h) [1]
TCL_0 (inhal.,Mensch)	8000 ppm [1]

Entsorgung / Verwertung:

- kleine Mengen:
  - Gas kontrolliert abfackeln [1]
  - Lösung mit Universalbinder (Kieselgur, Blähglimmer) aufnehmen; Sondermüll [1]

Bemerkung:

Literaturquellen:

[1] Welzbacher, U.: Neue Arbeitsblätter für gefährliche Arbeitsstoffe nach der Gefahrstoffverordnung. Stand August 1993.

Cadmium und seine Verbindungen

Weitere Bezeichnungen:

Verwendung in der Elektrotechnik:

- Gleichrichter
- Photozellen
- Nickel-Cadmium-Akkumulatoren (Elektroden)
- Stabilisator (Witterungs- und Alterungsbeständigkeit) in der PVC-Produktion
- Farbpigmente für Kunststoffe, Gläser, Keramik, Email, Lacke und Anstrichfarben (z.B. Cadmiumsulfid: Goldgelb; in Verbindung mit Schwefel, Zink und Selen Farbspektrum von Gelbgrün über Goldgelb, Orange, Rot bis Bordeaux)
- Korrosionsschutz durch galvanische Überzüge
- Metallveredlung:
  - verbesserte Dehn- und Verformbarkeit
  - verbessertes Gleit- und Reibverhalten
  - gute Lötbarkeit ebenfalls durch galvanische Überzüge
- Solarzellen
- Legierungen:
  - Lote
  - abbrandfeste Kontakte
  - Speziallegierungen in Uhrenindustrie
- Kopiertechnik: silberfreie, lichtempfindliche Schichten

Emissionsquellen:

- mechanische und thermische Bearbeitungsverfahren (Herstellung, Verwertung, Entsorgung)
- Einschmelzen cadmiumhaltiger Schrotte
- Gewinnung von Nichteisenmetallen
- Müllverbrennung:
  Pigmente, Stabilisatoren und Cadmium aus der Metallveredlung emittieren in Abluft, Flugaschen und Schlacken
- Bei der Verbrennung organischer Materialien in großen Mengen entstehen Cadmiumemissionen (z.B. Kohleverbrennung in der BRD: 90-100 t Cd/a; Stein-/Braunkohle 1-2 mg/kg) [3]
- Klärschlamm, bzw. Klärschlammdeponien durch Anreicherung in der mechanischen Stufe [2,3]
- Phosphatdünger [3]

– Lötstellen in Wasserleitungen und Wasserhähnen sowie cadmiumhaltige Küchenutensilien, Heiz- und Kühlschlangen [3]
– Herauslösen aus Glasuren und Kunststoffen durch Säfte [3]
– Verdampfen bei mechanischen Schaltern und beim Hartlöten

Angaben über Auswirkungen auf die Umwelt:

– biologische Halbwertszeit: 13-47 Jahre [1]; 15-30 Jahren [3]
– Fischtoxizität erwiesen, u.a. vom Calciumgehalt des Wassers abhängig [1]
– in aquatischen Organismen Konzentrierungsfaktoren von bis zu 2000 [1]
– Speicherung des Cadmiums in den Pflanzenwurzeln [2]
– pflanzenverfügbarer Cadmiumgehalt um so größer, je niedriger pH-Wert des Bodens [2]
– In einer Studie des Umweltbundesamtes wurde die Bioakkumulation in Pilzen, Muscheln, Gemüsekonserven, Austern, Krabben, sowie Leber und Nieren einiger Nutztiere nachgewiesen [2]
– Pflanzen:
    Durch Cd induzierte Stoffwechselveränderungen rufen Chlorosen und Nekrosen mit charakteristischen Verfärbungen hervor [3]
– phosphathaltige Düngemittel fördern Cadmiumeintrag in den Boden [2]

Angaben über Auswirkungen auf die menschliche Physiologie:

– Akkumulation in Nieren und Leber [3]
– Genotoxizität (teratogen, mutagen) [3]:
    • DNS-Strangbrüche
    • Phosphor-, Calcium-Stoffwechselstörungen
    • Leberenzymstörungen
    • Osteoporose
    • Anämie (in vitro)
– Lungenstörungen [3]
– chronische Intoxikation (orale Aufnahme, Inhalation) [3]:
    • Irreversible Nierenfunktionsstörungen
    • Vitamin- und Proteinmangel
    • Knochenschäden
– hochtoxisch [1,2]
– krebserzeugend nach Gruppe: III B [1]; nach [2]: III A 2
– Absorption auf Grund leichter Löslichkeit in schwachen Säuren [1]
– akute Vergiftung [2]:
    • starke Brechdurchfälle
    • Lungenödeme

- chronische Intoxikation, Schäden in [1]:
  - Lunge (Lungenemphysem [2])
  - Niere
  - Leber
  - Knochenmark
  - Herz-Kreislauf-System
  - Gastrointestinaltrakt
  - Akkumulation (mit dem Alter zunehmend) in Leber und Niere, wodurch das Zink-Cadmium-Verhältnis in der Niere verändert wird, Störungen des kardiovaskulären Systems (z.B. Bluthochdruck) sind die Folgen.
- Nach [3]:
  - Lungenemphysem
  - renale Funktionsstörungen
  - Cadmium fördert in geringsten Konzentrationen die Calciumausscheidung und führt dadurch beschleunigt zu Osteomalazie bzw. Osteoporose [3]
- In Leber und Niere wird mit Lebensmitteln zugeführtes Cadmium gespeichert [2]
- langsame Ausscheidung über die Nieren [2]
- Kupfer und Blei wirken synergistisch [2]
- Nach [2]:
  - starker Kopfschmerz
  - Nieren- und Lungenstörungen
  - Knochenschäden
  - Herz-Kreislauf-Schäden
  - Anämie
  - Tumorentstehung
  - Plazentaübergang in hohen Dosen
  - nach Aerosoleinatmung Lungenödem
  - Vitamin- und Proteinmangelerscheinungen
  - Phosphor- und Calciumstoffwechselstörungen
- Aufnahme hoher Konzentrationen [2]:
  - Nierenfunktionseinschränkung mit Mikroglobulämie
  - Hypertonie
  - zentralnervöse Störungen, wie verminderte Schweißsekretion
- Förderung der Resorption bei Eisen-, Vitamin D- und Calciummangel
- Antagonistische Wirkung in Verbindung mit Zink, Selen und Kobalt [2]
- Aufenthalt im Blut zu 95% in den Erythrozyten [2]
- in vitro:
  DNS-Strangbrüche (teratogene, bzw. mutagene Auswirkungen) [2]

Toxikologische Daten:

LD_{50} (oral,Ratte)	150 mg/kg [3]
LD_{50} (i.v.,Ratte)	2 mg/kg [3]
LDL_0 (im.,Ratte)	15 mg/kg [1]
TDL_0 (im.,Ratte)	70 mg/kg [1]
LD_{50} (oral,Säugetier)	20-200 mg/kg (Cadmiumoxid) [2]
LD_{50} (inhal.,Säugetier)	0,5-2 mg/l*h (Cadmiumoxid) [2]
LD (sc.,Hund)	27 mg/kg (Cadmiumsulfat) [2]

Tödliche Aerosoleinatmung:	5 mg Cd/m^3/8h (Cd) [2,3]
Toxische Aerosoleinatmung:	1 mg Cd/m^3/8h (Cd) [2,3]
Kritische Nierenrindenkonzentration:	200 mg Cd/kg (Cd) [2]

Entsorgung / Verwertung:

- Cd wird aus verbrauchten Ni-Cd-Akkus und Ausschußchargen der Farbpigmentherstellung zurückgewonnen [2]
- Nicht aufarbeitungswürdige Cadmiumabfälle müssen auf Sonderabfalldeponien entsorgt werden.

Bemerkung:

- Cadmiumverarbeitungsverbot (in Schweden realisiert [3])
- Substitutionsmöglichkeiten:
  - Zink, aufgedampftes Aluminium
  - Zink- und Eisenpigmente [4]
- Gefahr beim Umgang mit Cadmium [2]:
  - leicht flüchtig (unterhalb des Schmelzpunktes)
  - leicht oxidierbar

Literaturquellen:

[1] Koch, R.: Umweltchemikalien. VCH, Weinheim (1989), S. 110 -116
[2] Roth, L.; Daunderer, M.: Giftliste. Giftige, gesundheitsschädliche, reizende und kebserzeugende Stoffe. 6. Auflage ecomed (30.10.1993), III Giftmonographhien, Cadmium.
[3] Daunderer, M.: Handbuch der Umweltgifte: Klinische Umwelttoxikologie für die Praxis. ecomed, Landsberg/Lech, 1990.
[4] Mineral Commodity Summaries (1982), US Department of the Interior, Bureau of Mines.

Cadmiumoxid

Weitere Bezeichnungen:

Cadmiumrauch

Verwendung in der Elektrotechnik:

- Leuchtstoffe im Oszilloskop
- Selenfotodioden
- Legierung in Kontaktwerkstoffen

Emissionsquellen:

- mechanische und thermische Bearbeitungsverfahren (Herstellung, Verwertung, Entsorgung)

Angaben über Auswirkungen auf die Umwelt:

- wassergefährdend (Wassergefährdungsklasse 3) [1] Fischtoxizität erwiesen, u.a. abhängig vom Calciumgehalt des Wassers [2]
- biologische Halbwertszeit: 13-47 Jahre [2]
- in aquatischen Organismen Konzentrierungsfaktoren bis zum Faktor 2000 [2]
- Akkumulation erfolgt hauptsächlich im Bereich der Pflanzenwurzeln [2]

Angaben über Auswirkungen auf die menschliche Physiologie:

- krebserzeugend nach Gruppe: III B [1]; nach [2]: III A 2
- Akkumulation (mit dem Alter zunehmend) in Niere und Leber [2]
- chronische Intoxikation, Schäden in [2]:
  - Nieren
  - Lungen
  - Leber
  - Herz-Kreislauf-System
  - Knochenmark

- orale Korporation [1]:
  - Übelkeit
  - Erbrechen
  - intestinale Schmerzen und Krämpfe
  - Durchfall
- 50 mg Cadmium können letal wirken [1]
- Inhalation [1]:
  - Atemwegsreizung
  - Lungenödem

Toxikologische Daten:

LD_{50} (oral,Maus)	72 mg/kg [1]
LC_{50} (inhal.,Maus)	340 mg/m3 (10 min) [1]
LC_{50} (inhal.,Ratte)	780 mg/m3 (10 min) [1]
LC_{50} (inhal.,Ratte)	500 mg/m3 [2]
LD_{50} (ip.,Ratte)	12 mg/kg [1]
LD_{50} (oral,Ratte)	72 mg/kg [2]
LCL_0 (inhal.,Mensch)	9 mg/m3 (5h) [2]

Entsorgung / Verwertung:

- Sondermüll [1]

Bemerkung:

- Die in neutralem Milieu schwerlöslichen Cadmiumverbindungen lösen sich merklich im schwach sauren pH-Bereich (Einwirkung von Feuchtigkeit, CO_2, SO_2)

Literaturquellen:

[1] Welzbacher, U.: Neue Arbeitsblätter für gefährliche Arbeitsstoffe nach der Gefahrstoffverordnung. Stand August 1993.
[2] Koch, R.: Umweltchemikalien. VCH, Weinheim (1989), S. 110-116

Cadmiumsulfat

Weitere Bezeichnungen:

Verwendung in der Elektrotechnik:

- Leuchtstoffe
- Elektrolyt für Hg-Cd-Normalelement

Emissionsquellen:

- mechanische und thermische Bearbeitungsverfahren (Herstellung, Verwertung, Entsorgung)

Angaben über Auswirkungen auf die Umwelt:

- wassergefährdend (Wassergefährdungsklasse 3) [1]

Angaben über Auswirkungen auf die menschliche Physiologie:

- krebserzeugend nach Gruppe: III AZ [1]
- orale Inkorporation [1]:
  - Übelkeit
  - Erbrechen
  - intestinale Schmerzen und Krämpfe
  - Durchfall
- 50 mg Cadmium können tödlich wirken [1]
- Inhalation:
  - Atemwegsreizung
  - Lungenödem

Toxikologische Daten:

LD_{50} (oral,Ratte)	280 mg/kg [1]
LD_{50} (oral,Maus)	88 mg/kg [1]
LD_{50} (ip.,Maus)	12,76 mg/kg [1]

Entsorgung / Verwertung:

– Sondermüll [1]

Bemerkung:

– schwefelsaure Zersetzungsprodukte bei thermischer Zersetzung [1]

Literaturquellen:

[1] Welzbacher, U.: Neue Arbeitsblätter für gefährliche Arbeitsstoffe nach der Gefahrstoffverordnung. Stand August 1993.

Chlor und seine Verbindungen

Weitere Bezeichnungen:

Chlorgas, Cl_2

Verwendung in der Elektrotechnik:

- PVC
- Flammhemmer
- Isoliermaterial
- Chlorgas (im Geigermüllerzähler)

Emissionsquellen:

- mechanische und thermische Bearbeitungsverfahren (Herstellung, Verwertung, Entsorgung)

Angaben über Auswirkungen auf die Umwelt:

- Abtöten von Mikroorganismen auf Grund oxidierender Wirkung

Angaben über Auswirkungen auf die menschliche Physiologie:

- Reizwirkung auf Haut und Schleimhäute, auf Grund oxidierender Wirkung [1]
- Ausbildung von Toleranzverhalten:
    bei Erstkontakt Reizwirkung bei niedrigeren Konzentrationen, als bei Langzeitexposition [1]
- akute Intoxikation [1]:
- chwache Vergiftung:
  - Husten
  - Schnupfen
  - Augentränen
- längere Einwirkung:
  - starke Sekretion in den Atemwegen (bei höherer Konzentration blutig)
  - Lungenentzündung
  - selten Lungenödem

- starke Konzentration:
  - Atemnot
  - Zyanose
  - Bluthusten
  - Hautreizung
- Langzeitleiden nach einmaliger intensiver Einwirkung [1]:
  - Chronische Bronchitis und Lungenemphysem wurden im 1. Weltkrieg als Nachkrankheit festgestellt [
- chronische Intoxikation [1]:
  - chronische Atemwegsreizung
  - Appetitstörung und Abmagerung

Toxikologische Daten:

- rasch tödlicher Luftchlorgehalt: $2000 \ \text{mg/m}^3$ [1]
- nach 1/2-1stündiger Inhalation:
  Reizung von Augen, Nasen- und Rachenschleimhäute: $150 \ \text{mg/m}^3$ [1]
  bei Erstkontakt: $60 \ \text{mg/m}^3$ [1]
- ungefährlicher Luftchlorgehalt: $0{,}3 \ \text{mg/m}^3$ [1]

Entsorgung / Verwertung:

- entsprechende Entsorgung je nach Art und Menge der Chlorverbindung

Bemerkung:

Literaturquellen:

[1] Wirth, W.; Hecht, G.; Gloxhuber, C.: Toxikologie-Fibel. 2. Auflage, Georg Thieme, Stuttgart (1971), S.69-71.
[2] Gilchrist, H. L.; Matz, P. B.: The Residual Effects of Warefare Gases. Published by US-Government Printing Office, Washington (1933), S. 33ff.

Chlorierte Naphthaline

Weitere Bezeichnungen:

polychlorierte Naphthaline, PCN, Halowax

Verwendung in der Elektrotechnik:

- Additive
- Isolieröl

Emissionsquellen:

- mechanische und thermische Bearbeitungsverfahren (Herstellung, Verwertung, Entsorgung)

Angaben über Auswirkungen auf die Umwelt:

- Toxizität wird u.a. vom Chlorierungsgrad bestimmt:
    - aquatische Organismen:
        Monochlor-Isomere sind akut toxischer als Oktachlornaphthalin
    - Ratten und Mäuse:
        Mono- und Dichlor-Isomere sind weniger akut toxisch als Tri- bis Heptachlor-Isomere [1]
- unter natürlichen Bedingungen chemisch, physikalisch und biologisch stabil [1]
- nach [1] ist kein mikrobiologischer Stoffabbau nachweisbar
- geringe Mobilität in Hydro- und Pedosphäre [1]
- von Chlorierungsgrad abhängige hohe Bio- und Geoakkumulationstendenz zu erwarten [1]
- hochchlorierte Isomere besitzen in der Umwelt eine hohe Persistenz [1]

Angaben über Auswirkungen auf die menschliche Physiologie:

- Resorption und Transport im Organismus [1]
- Bei Exposition der Haut über längeren Zeitraum oder Intoxikation von hohen Dosen:
    Chlorakne [1]
- chronische Intoxikation:
    Verminderung von Serumenzymaktivitäten [1]
- Ausscheidung:
    - Mono- und Tetrachlornaphthaline werden zu Hydroxyverbindungen metabolisiert [1]
    - Penta- und Hexachlornaphthaline bis zu 20% in unveränderter Form über Fäzes und Urin [1]
- höher chlorierte Isomere:
    verhältnismäßig hohe Bioakkumulationstendenz [1]

Toxikologische Daten:

LD_{50} (oral,Ratte)	1540 mg/kg	(Chlornaphthalin) [1]
LD_{50} (oral,Maus)	1091 mg/kg	(Chlornaphthalin) [1]
LD_{50} (oral,Ratte)	868 mg/kg	(2-Chlornaphthalin) [1]
LD_{50} (oral,Maus)	2078 mg/kg	(2-Chlornaphthalin) [1]
TCL_0 (inhal.,Mensch)	30 mg/m^3	(Trichlornaphthalin) [1]

Penta- und Hexachlor-Isomere sind im Tierversuch erfahrungsgemäß akut toxischer als die anderen Isomere [1]

Entsorgung / Verwertung:

- Nach [1] kann eine Verbrennung chlornaphthalinhaltiger Materialien nicht empfohlen werden.
- gesicherte Ablagerung auf Sondermülldeponie [1]

Bemerkung:

- Theoretisch sind bis zu 76 Chlornaphthalinisomere denkbar. Die im Handel erhältlichen Produkte setzen sich aus einem Gemisch mehrerer unterschiedlich hoch dotierter Isomere zusammen. Da diese Verbindungen nicht in der Natur vorkommen, ist der Nachweis derselben ein Indikator anthrophob verursachter Kontamination [1]

- Der Chlorierungsgrad ist entscheidend für die Reaktanz und die physikalisch-chemischen Eigenschaften. Je höher die Zahl der Chloratome, desto höher werden Schmelz- und Siedepunkt, und desto niedriger sind Dampfdruck und Wasserlöslichkeit. [1]
- chemische Stabilität gegenüber Säuren und Laugen [1]
- hohe thermische Stabilität (besonders hochchlorierte Isomere) [1]
- nach [1] sind Dehydrochlorierungsreaktionen nicht nachweisbar
- in Grenzen flüchtig:
    Halowax 1031 bei Raumtemperatur zu 1% (Ausgangskonzentration: 200 g; Oberfläche 9,2 cm^2; Zeit: 10 d) [1]
- Exposition des Menschen im wesentlichen über Nahrungsmittel und Luft [1]

Literaturquellen:

[1] Koch, R.: Umweltchemikalien. VCH, Weinheim (1989), S. 155-159.

Chrom und seine Verbindungen

Weitere Bezeichnungen:

Cr

Verwendung in der Elektrotechnik:

- Farbstoffe und Pigmente (Chrompigmente: Zinkchromat, Bleichromat)
- Metallveredlung
- Holzimprägnierung (Fäulnisschutz)
- Tonbänder und magnetische Datenträger für Computer (kristallines Chrom(IV)-oxid)
- Legierungsbestandteil von Heizleiterwerkstoffen, Loten und Stahl
- Oberflächenveredelung
- Schichtwerkstoff in der Dünnschichttechnik
- Legierung mit Cu für Leistungsschalter
- Dehnungsmeßstreifen
- Solarzelle

Emissionsquellen:

- vorwiegend Industrie [1]
- Abwässer: 55000 t/a
- Verbrennungsprozesse: 1500 t/a [1] (Müllverbrennung)
- Metallindustrie
- Galvanikindustrie, Gerbereiindustrie (Abwässer)
- Lederstaub und -abfälle
- mechanische und thermische Bearbeitungsverfahren (Herstellung, Verwertung, Entsorgung)

Angaben über Auswirkungen auf die Umwelt:

- Die Toxizität löslicher Chromverbindungen ist in aquatischen Systemen von pH, Temperatur und Wasserhärte abhängig. Außerdem reagieren die Spezies dieser Systeme unterschiedlich auf Chromverbindungen. [1]
- Akkumulation im Klärschlamm
- Kalk- und Phosphatgaben verringern die Pflanzenempfindlichkeit gegen Chrom [4]

Angaben über Auswirkungen auf die menschliche Physiologie:

- essentielles Spurenelement zur Aufrechterhaltung einer regulären Glucosetoleranz [4]
- lösliche Chromverbindungen sind giftig [2]
- Chromsäurenebel schädigen Nasenscheidewand und Atemwege [2]
- sensibilisierend mit Hautekzemen [2,3]
- Chromate und Dichromate rufen bei Hautkontakt Geschwüre und Ekzeme hervor [2]
- Akkumulation in:
  - Gebärmutter
  - Knochenmark
  - Milz
  - Lunge
  - Hoden
- plazentagängig [4]
- Chrom(VI) kann Zellmembranen gut durchdringen, im Ggs. zu Chrom(III) (Erklärung der höheren Toxizität von Chrom(VI)) [4]
- Resorption [4]:
      über Lunge, Magen - Darm - Trakt, und Haut
  - organische Chromkomplexe: 20-25%
  - anorganisches Chrom: ca. 5%
- Inhalation [4]:
  - Staublunge
  - Lungenkrebs
- Salze des Chrom(VI):
  - Ätzwirkung
- akute Intoxikation mit wasserlöslichen Chromsalzen [4]:
  - Leber- und Lungenschädigungen
  - toxische Nierenparenchymnekrosen
  - akutes Nierenversagen
  - hämorragischer Diathese
  - ZNS - Schädigung
- Ausscheidung:
      über die Nieren (80%), weniger mit Fäzes [4]
- kanzerogene bzw. kokanzerogene Wirkung vermutet [1,3]
- synergetische Effekte bei kombinierten Expositionen (Chrom - Zink; Chrom - Viren) [1]
- akute Intoxikationen:
  - Nierenschädigungen [1]
- Chronische Intoxikationen:
  - Veränderungen des Gastrointestinaltraktes
  - Akkumulierungen in Leber, Nieren, Schilddrüse und Knochenmark [1]
- geringe Ausscheidungsrate [1]

Toxikologische Daten:

- Die Schädlichkeit des Chroms ist von der Oxidationsstufe abhängig. Chrom(VI)-verbindungen sind um den Faktor 100 - 1000 toxischer als Chrom(III)-verbindungen [4]

Entsorgung / Verwertung:

- Je nach Art des Chromabfalls:
  - Sonderabfalldeponie
  - chemisch-physikalische Behandlungsverfahren

Bemerkung:

- Hauptaufnahmeweg:
    Nahrungsmittel und Trinkwasser [4]
- Chrom kommt natürlicherweise als Chrom(III)- und Chrom(VI)-verbindungen vor. Chrom(III)-verbindungen sind stabil und weniger wasserlöslich als Chrom(VI)-verbindungen, die in Gegenwart organischen, oxidierbaren Materials schnell zu Chrom(III)-verbindungen reduziert werden [1]
- Da Chrom(III)-verbindungen in der Natur relativ stabil sind, ist bei sedimentierten Chrom(III)-hydroxiden nur mit einer geringen Remobilisierungstendenz zu rechnen. [1]
- Chromate migrieren durch bindige Böden und bilden somit eine Gefahr für das Grundwasser [1]

Literaturquellen:

[1] Koch, R.: Umweltchemikalien. VCH, Weinheim (1989), S. 185-188.
[2] Schröter, W.; Lautenschläger, K.-H.; Bibrack, H.: Taschenbuch der Chemie. Verlag Harri Deutsch, Frankfurt (1990).
[3] Wirth, W.; Hecht, G.; Gloxhuber, C.: Toxikologie-Fibel. 2. Auflage, Georg Thieme, Stuttgart (1971), S. 115f.
[4] Daunderer, M.: Handbuch der Umweltgifte: Klinische Umwelttoxikologie für die Praxis. ecomed, Landsberg/Lech, 1990.

Chromtrioxid

Weitere Bezeichnungen:

Chromsäureanhydrid, Chrom(VI)-oxid

Verwendung in der Elektrotechnik:

- Galvanotechnik

Emissionsquellen:

- während der Herstellung galvanisierter Produkte
- Abwässer der Galvanikindustrie

Angaben über Auswirkungen auf die Umwelt:

- krebserzeugend im Tierversuch [1]

Angaben über Auswirkungen auf die menschliche Physiologie:

- krebserzeugend nach Gruppe: III A 2 [1]
- in Hautverletzungen eingedrungene Substanz führt zu schlecht heilenden Nekrosen [1]
- orale Inkorporation:
    Magen-Darm-Beschwerden bis hin zum Tod durch Schock [1]
- sensibilisierend [1]

Toxikologische Daten:

LD_{50} (oral,Ratte)	80 mg/kg [1]
LD_{50} (oral,Maus)	127 mg/kg [1]
LD_{50} (ip.,Maus)	29 mg/kg [1]
LDL_0 (sc.,Maus	20 mg/kg [1]

Entsorgung / Verwertung:

- kleine Mengen (wenige Gramm):
  nach Auflösen mit viel Wasser und Reduktion mit Fe(II)-Salzen mit reichlich Wasser wegspülen, ggf. zuvor mit Natriumcarbonat (Soda) neutralisieren [1]
- Sondermüll [1]

Bemerkung:

Literaturquellen:

[1] Welzbacher, U.: Neue Arbeitsblätter für gefährliche Arbeitsstoffe nach der Gefahrstoffverordnung. Stand August 1993.

Cobalt und seine Verbindungen

Weitere Bezeichnungen:

Verwendung in der Elektrotechnik:

- Edelstähle
- Farbpigmente in Gläsern, Keramik, Email und Farben
- in Verbindung mit seltenen Erden: Magnetwerkstoff
- Kupplung
- Lager
- Mikrorelais
- Medizintechnik
- Hartmagnet

Emissionsquellen:

- mechanische und thermische Bearbeitungsverfahren (Herstellung, Verwertung, Entsorgung)

Angaben über Auswirkungen auf die Umwelt:

- wassergefährdend (Wassergefährdungsklasse 3) [1]

Angaben über Auswirkungen auf die menschliche Physiologie:

- der menschliche Organismus kann nur Cobalt verwenden, das als Vitamin B aufgenommen wird [1]
- Cobalt ist ein essentielles Spurenelement (täglicher Bedarf eines Erwachsenen: 1-2 mg) [1]
- chronische Exposition [1]:
  - Kontaktekzeme
  - Myokardiopathie
  - Polyglobulie
- krebserzeugend nach Gruppe: III A2 [1]
- Inhalation:
  - Lungenschäden [1]
  - Verätzungen im Rachen[2]
- mutagene Wirkungen [1]

- lokale Aufnahme:
  - Schädigungen in Atmungsorganen und Verdauungstrakt [1]
- systematisch resorbiert:
  Schädigungen am Herzmuskel, an Schilddrüse, Pankreas, Nieren, Magen-Darm-Schleimhaut, Lunge sowie Polyzythämie [1]
- sensibilisierend, Kreuzallergie mit Nickel oder Chrom [1,3]
- Hemmung verschiedener Enzyme [1]
- Knochenmarkshyperplasmie [1]
- alpha-Zellen des Pankreas werden geschädigt (mit Hyperglykämie) [1]
- Ausscheidung über den Urin (ca. 90% in wenigen Tagen, der Rest mit einer Halbwertszeit von mehreren Jahren) [1]
- Verätzungen in Mundhöhle [1]
- blutiges Erbrechen [1]
- Durchfall [1]
- Leibschmerzen [1]
- chronische Exposition [1]:
  - hypothyreotische Struma (reversibel)
- intravenöse Injektion [1]:
  - Gesichtsrötung
  - Schwindel
  - Kollapsneigung
  - Verlangsamung der Atmung
  - Parästhesien
- parenterale Injektion:
  - Sarkome [1]
- berufsbedingte Erkrankungen [1]:
  - Hartmetallstaublunge
  - interstitielle Lungenfibriose
  - Polyzythämie
  - Kardiomyopathie
  - Bronchialasthma
- Nach Behandlung der Sichelzellanämie ist bei Kindern Kropfbildung beobachtet worden [1]
- orale Aufnahme [2]:
  - Verätzungen in Magen und Darm
  - Übelkeit
  - blutiges Erbrechen
- Eiweiß und Blut im Harn nach erfolgter Resorption [2]

Toxikologische Daten:

Toxische Dosis: 50 mg/d [1]

Entsorgung / Verwertung:

- je nach Art des Cobaltabfalls:
  - chemisch-physikalische Behandlungsverfahren
  - Sonderabfalldeponie

Bemerkung:

- Cobaltmangelerscheinungen treten häufiger auf als Vergiftungen [1]
- Cobalt nimmt eine zentrale Stelle im Vitamin B_{12} ein [1,2] ein

Literaturquellen:

[1] Roth, L.; Daunderer, M.: Giftliste. Giftige, gesundheitsschädliche, reizende und kebserzeugende Stoffe. 6. Auflage ecomed (30.10.1993), III Giftmonographien, Blei.

[2] Wirth, W.; Hecht, G.; Gloxhuber, C.: Toxikologie-Fibel. 2. Auflage, Georg Thieme, Stuttgart (1971), S. 3.

[3] Daunderer, M.: Handbuch der Umweltgifte: klinische Umwelttoxikologie für die Praxis. ecomed, Landsberg/Lech, 1990.

Cobaltoxid

Weitere Bezeichnungen:

Verwendung in der Elektrotechnik:

- zur Herstellung von Ferrite
- Thermistoren
- Solarkollektoren

Emissionsquellen:

- mechanische und thermische Bearbeitungsverfahren (Herstellung, Verwertung, Entsorgung)

Angaben über Auswirkungen auf die Umwelt:

- wassergefährdend (Wassergefährdungsklasse 3) [1]

Angaben über Auswirkungen auf die menschliche Physiologie:

- krebserzeugend nach Gruppe: III A2 [1]
- Inhalation: Lungenschäden [1]
- mutagene Wirkungen [1]
- lokale Aufnahme:
  - Schädigungen in Atmungsorganen und Verdauungstrakt [1]
- systematisch resorbiert:
  - Schädigungen am Herzmuskel, an Schilddrüse, Pankreas, Nieren, Magen-Darm-Schleimhaut, Lunge, sowie Polyzythämie [1]
- sensibilisierend, Kreuzallergie mit Nickel oder Chrom [1]
- Hemmung verschiedener Enzyme [1]
- Knochenmarkshyperplasmie [1]
- alpha-Zellen des Pankreas werden geschädigt (mit Hyperglykämie) [1]
- Ausscheidung über den Urin (ca. 90% in wenigen Tagen, der Rest mit einer Halbwertszeit von mehreren Jahren) [1]
- Verätzungen in Mundhöhle [1]
- blutiges Erbrechen [1]
- Durchfall [1]
- Leibschmerzen [1]

- chronische Exposition:
  - hypothyreotische Struma (reversibel) [1]
- intravenöse Injektion [1]:
  - Gesichtsrötung
  - Schwindel
  - Kollapsneigung
  - Verlangsamung der Atmung
  - Parästhesien
- parenterale Injektion [1]:
  - Sarkome
- berufsbedingte Erkrankungen:
  - Hartmetallstaublunge
  - interstitielle Lungenfibriose
  - Polyzythämie
  - Kardiomyopathie
  - Bronchialasthma
- Nach Behandlung der Sichelzellanämie ist bei Kindern Kropfbildung beobachtet worden [1]

Toxikologische Daten:

LD$_{50}$ (oral,n.n.)   1700 mg/kg [1]

Entsorgung / Verwertung:

- je nach Art des Cobaltabfalls:
- chemisch-physikalische Behandlungsverfahren
- Sonderabfalldeponie

Bemerkung:

- löst sich in Säuren

Literaturquellen:

[1] Roth, L.; Daunderer, M.: Giftliste. Giftige, gesundheitsschädliche, reizende und kebserzeugende Stoffe. 6. Auflage ecomed (30.10.1993), III Giftmonographien, Blei.

Cobalt(II)-sulfat

Weitere Bezeichnungen:

Verwendung in der Elektrotechnik:

- als Verunreinigung in elektrischen Leitungen [1]
- Verunreinigung in Mineralölprodukten [1]

Emissionsquellen:

- mechanische und thermische Bearbeitungsverfahren (Herstellung, Verwertung, Entsorgung)

Angaben über Auswirkungen auf die Umwelt:

Angaben über Auswirkungen auf die menschliche Physiologie:

- sensibilisierend, Kreuzallergien mit Vitamin B_{12} und Nickel [1]

Toxikologische Daten:

Entsorgung / Verwertung:

- je nach Art des Cobaltabfalls:
- chemisch-physikalische Behandlungsverfahren
- Sonderabfalldeponie

Bemerkung:

Literaturquellen:

[1] Daunderer, M.: Handbuch der Umweltgifte: klinische Umwelttoxikologie für die Praxis. ecomed, Landsberg/Lech, 1990.

Eisen und seine Verbindungen

Weitere Bezeichnungen:

Fe, Ferrum

Verwendung in der Elektrotechnik:

- Ferrolegierungen
- Tonbänder (Reineisenbänder)
- Legierung in Berzelit (Lot, Widerstandswerkstoff)
- Gehäuse
- Behältnisse
- Magnetkopf
- Ni-Fe-Akku
- Magnetbänder

Emissionsquellen:

- Kohlenverbrennung [1]
- mechanische und thermische Bearbeitungsverfahren (Herstellung, Verwertung, Entsorgung)

Angaben über Auswirkungen auf die Umwelt:

- nicht wassergefährdend (Wassergefährdungsklasse 0) [1]

Angaben über Auswirkungen auf die menschliche Physiologie:

- Das Auftreten freier Eisenionen im Blut ist neben anderem die Ursache für die systemische Toxizität von Eisen [1]
- äußerst geringe Toxizität (metallisches Eisen) [1]
- Inkorporiertes pulverförmiges Eisen wirkt nach Kontakt mit der Magensäure ätzend. [1]
- chronische Einnahme von 50-100 mg täglich [1]:
  - Hämosiderose
  - Leberzirrhose

− übermäßige Eisenzufuhr [1]:
  • Erhöhung der Infektanfälligkeit
  • eventuell Erhöhung des Krebsrisikos
− Die biologische Halbwertszeit beträgt 10-20 Jahre [1]
− Metallisches Eisen wird in der Salzsäure des Magens zu Eisen(II)-chlorid
  ($FeCl_2$) umgewandelt, welches bei entsprechend hoher Konzentration
  Verätzungen hervorrufen kann [1,2]
− akute Intoxikation [2]:
  • Resorption über den Darm
  • Lähmung
− akute Intoxikation [1]:

<u>1. Phase:</u>
  • gastrointestinale Symptome
  • blutiger Durchfall
  • starke Magenschmerzen
  • Übelkeit
  in schweren Fällen:
  • Kollaps
  • Schock
  • Oligurie (Nierenversagen)

<u>2. Phase:</u>
  Verbesserung des körperlichen Zustandes z.T. bis zur Symptomfreiheit.
  Meist hält dieser Zustand nur 12-48 Stunden an [1]

<u>3. Phase:</u>
  • Tiefer Schock durchschnittlich 24 Stunden nach der Intoxikation
  • metabolische Azidose
  • Oligurie oder Anurie
  • Gelbsucht
  • zentralnervöse Störungen:
      − Konvulsionen
      − Lähmungserscheinungen
      − Areflexie
      − Somnolenz und Koma
      − Lungenödem
      − Gerinnungsstörungen
      − Thrombozytopenie
  • Exitus

<u>4. Phase:</u>
Erholungsphase, selten Spätfolgen
– chronische Intoxikation mit Aufnahme von mehr als 200 mg täglich [1]:
  • Obstipation
  • Übelkeit
  • Erbrechen
  • Durchfall
  • Schwarzfärbung des Stuhles

Toxikologische Daten:

LD_{50} (oral,n.n.)   30000 mg/kg [1]

Entsorgung / Verwertung:

– je nach Art der Abfälle und Vermischung mit anderen Stoffen:
  • Wiederverwertung oder Weiterverwertung der Eisenabfälle
  • Sonderabfalldeponie
  • Sonderabfallverbrennung
  • Deponie

Bemerkung:

Literaturquellen:

[1] Roth, L.; Daunderer, M.: Giftliste. Giftige, gesundheitsschädliche, reizende und kebserzeugende Stoffe. 6. Auflage ecomed (30.10.1993), III Giftmonographien, Blei.
[2] Wirth, W.; Hecht, G.; Gloxhuber, C.: Toxikologie-Fibel. 2. Auflage, Georg Thieme, Stuttgart (1971), S. 119f.

Eisen(III)-oxid

Weitere Bezeichnungen:

Verwendung in der Elektrotechnik:

- Farbpigment für Kautschukwaren, Papier, Druck- und Anstrichfarben (besonders für Stahl)
- Ferritherstellung
- Magnetbandherstellung
- Gassensor
- Halbleiter

Emissionsquellen:

- mechanische und thermische Bearbeitungsverfahren (Herstellung, Verwertung, Entsorgung)

Angaben über Auswirkungen auf die Umwelt:

Angaben über Auswirkungen auf die menschliche Physiologie:

- Das Auftreten freier Eisenionen im Blut ist neben anderem die Ursache für die systemische Toxizität von Eisen [1]
- erhebliche toxische Wirkung [1]
- Inhalation [1]:
  - Staublunge
  - Lungenkrebs (chronische Exposition)
- akute Intoxikation [1]:

  1. Phase:
  - gastrointestinale Symptome
  - blutiger Durchfall
  - starke Magenschmerzen
  - Übelkeit
  in schweren Fällen:
  - Kollaps
  - Schock
  - Oligurie (Nierenversagen)

2. Phase:

Verbesserung des körperlichen Zustandes z.T. bis zur Symptomfreiheit. Meist hält dieser Zustand nur 12-48 Stunden an [1]

3. Phase:

- Tiefer Schock durchschnittlich 24 Stunden nach der Intoxikation
- metabolische Azidose
- Oligurie oder Anurie
- Gelbsucht
- zentralnervöse Störungen:
  - Konvulsionen
  - Lähmungserscheinungen
  - Areflexie
  - Somnolenz und Koma
  - Lungenödem
  - Gerinnungsstörungen
  - Thrombozytopenie
- Exitus

4. Phase:

Erholungsphase, selten Spätfolgen
- chronische Intoxikation mit Aufnahme von mehr als 200 mg täglich [1]:
  - Obstipation
  - Übelkeit
  - Erbrechen
  - Durchfall
  - Schwarzfärbung des Stuhles

Toxikologische Daten:

Entsorgung / Verwertung:

- Wiedereinsatz in der Stahlindustrie
- Oberirdische Deponie für überwachungsbedürftige Abfälle [1]

Bemerkung:

Literaturquellen:

[1] Roth, L.; Daunderer, M.: Giftliste. Giftige, gesundheitsschädliche, reizende und kebserzeugende Stoffe. 6. Auflage ecomed (30.10.1993), III Giftmonographien, Blei.

Epoxidharz

Weitere Bezeichnungen:

EP

Verwendung in der Elektrotechnik:

- Isoliermaterialien
- Gießharz
- Bindemittel in Klebstoffen
- Bestandteil von glasfaserverstärkten Kunststoffen
- Farbenbestandteil
- Rostschutz für Eisen und Stahl
- Vergießen von Kondensatoren, Spulen, Motorenwicklungen
- in Transformatoren
- Kabelendverschlüsse
- Formmassen
- Lacke (auch Draht)
- Leiterplatten
- Halbleitereinbettungen und Bauelementgehäuse
- Widerstandisolierung
- Isolierung in der Hochspannungstechnik
- Tauchharz für elektrische Maschinen
- Trägermaterial für Dehnungsmeßstreifen

Emissionsquellen:

- mechanische und thermische Bearbeitungsverfahren (Herstellung, Verwertung, Entsorgung)

Angaben über Auswirkungen auf die Umwelt:

Angaben über Auswirkungen auf die menschliche Physiologie:

- sensibilisierend [1]

Toxikologische Daten:

Entsorgung / Verwertung:

– nach Absprache mit den zuständigen Behörden

Bemerkung:

Literaturquellen:

[1] Daunderer, M.: Handbuch der Umweltgifte: klinische Umwelttoxikologie für
die Praxis. ecomed, Landsberg/Lech, 1990.

Erdöl- und Kohlenteerdestillate

Weitere Bezeichnungen:

Naphthalin, Benzin, Erdöl, Mineralöl, Siedegrenzbenzine, Petrolether, Terapin, Leichtöl, Petroleum, Gasöl,

Verwendung in der Elektrotechnik:

- Lösemittel
- Bestandteil von Farben, Lacken und Wachsen
- Reinigungsmittel
- Telegraphenstangen

Emissionsquellen:

- imprägnierte Holzteile "schwitzen aus"
- mechanische und thermische Bearbeitungsverfahren (Herstellung, Verwertung, Entsorgung)

Angaben über Auswirkungen auf die Umwelt:

- wassergefährdend, Gefährdung variiert je nach Inhaltsstoff [1]

Angaben über Auswirkungen auf die menschliche Physiologie:

- Resorption über die Haut [1]
- Hautreizungen [2]

Toxikologische Daten:

Die Toxizität dieser Substanzen variiert je nach Zusammensetzung [1]. Nach [2] werden Phenole, Kresole, Naphthalin, Anthracen und Phenanthren in Teerölprodukten gefunden.

Entsorgung / Verwertung:

- kleine Mengen: mit Universalbinder (Kieselgur, Blähglimmer) aufnehmen und in geeigneter Anlage thermisch entsorgen [1]
- in geeigneten Verbrennungsanlagen entsorgen
- Sondermüll [1]

Bemerkung:

Literaturquellen:

[1] Welzbacher, U.: Neue Arbeitsblätter für gefährliche Arbeitsstoffe nach der Gefahrstoffverordnung. Stand August 1993.
[2] Hörath, H.: Giftige Stoffe der Gefahrstoffverordnung. 2. Auflage Wissenschaftliche Verlagsgesellschaft, Stuttgart (1987).

Fluoride

Weitere Bezeichnungen:

– Salze der Flußsäure

Verwendung in der Elektrotechnik:

– Flußmittel in der Metallurgie (CaF_2)
– als Zusatz in Flußmitteln

Emissionsquellen:

– Bei der langjährigen Verarbeitung von Kryolith [3]
– nähere Umgebung von Aluminiumfabriken (fluorhaltige Abgase) [1]
– Trinkwasser [1]
– thermische Bearbeitungsverfahren (Herstellung, Verwertung, Entsorgung)

Angaben über Auswirkungen auf die Umwelt:

Angaben über Auswirkungen auf die menschliche Physiologie:

– akute Intoxikation [1]:
  • Bildung von schwer löslichem CaF_2 (Flußspat), dadurch Entzug von Ca-Ionen
– Hemmung der Glucose-6-phosphatase [2]
– Ausscheidung verzögert über den Harn [1]
– chronische Intoxikation [1]:
  – Fluorose:
    • Zahnerkrankungen (Kinder: gesprenkelte oder gerbänderte Zähne)
    • Osteosklerose mit Fluorapatit (Anreicherung von Fluor im Knochen)
    • Obstipation
    • Parästhesien
    • Dermatosen
    • Alopezie
    • Brüchigwerden der Nägel
    • Osteomalazie (bei stärkerer chronischer Einwirkung)
    • neurologische Veränderungen

– Geringe Fluorzusetzungen im Trinkwasser reduzieren die Karieshäufigkeit (40
  - 60 %) [1], ähnliches wurde bei einem Versuch der Fa. Ferrero an
  österreichischen Soldaten mit fluorhaltigen Kaugummis festgestellt.
– Empfohlene Trinkwasserkonzentration: 1 ppm Fluor [1]

Toxikologische Daten:

Unschädliche Tagesdosis:	1mg [1]
Ablagerung in den Knochen:	> 5 mg (Tagesdosis) [1]
Trinkwassergehalt von 4,5 - 5,5 ppm:	90% der Schulkinder erleiden Zahnveränderungen [4]

Entsorgung / Verwertung:

– nach Absprache mit den zuständigen Behörden

Bemerkung:

– Aufnahme mit der alltäglichen Nahrung [1]

Literaturquellen:

[1] Wirth, W.; Hecht, G.; Gloxhuber, C.: Toxikologie-Fibel. 2. Auflage, Georg
    Thieme, Stuttgart (1971), S. 67-69.
[2] Fasske, E.:Akute Fluorvergiftung. Arch. Toxikol. 17 (1959), S. 306 - 313.
[3] Roholm, K.: Fluorvergiftung bei Kryolith-Arbeitern. Arch. Gewerbepath.
    Gewebehyg. 7 (1937), S. 255-277.
[4] Editorial: Fluorosis. Brit. med. J. 1955/II, S. 1436f.

Ethandiol

Weitere Bezeichnungen:

Glykol, Ethylenglykol, 1,2-Ethandiol, Ethylenalkohol

Verwendung in der Elektrotechnik:

– Weichmacher

Emissionsquellen:

– thermische Bearbeitungsverfahren (Herstellung, Verwertung, Entsorgung)

Angaben über Auswirkungen auf die Umwelt:

– Trinkwassergefährdung bei Eindringen größerer Mengen ins Erdreich, bzw. ins Grundwasser [1]
– wassergefährdend (Wassergefährdungsklasse 1) [1]

Angaben über Auswirkungen auf die menschliche Physiologie:

– Erkrankung praktisch nur bei oraler Inkorporation [1]
– Nierenstörungen, Anurie [1]
– zentral-nervöse Störungen [1]
– 100 ml Substanz führten zu Bewußtlosigkeit [1]

Toxikologische Daten:

LD_{50} (oral,Ratte)	5840 mg/kg [1]
LD_{50} (iv.,Maus)	3000 mg/kg [1]

Entsorgung / Verwertung:

– in geeigneten Anlagen thermisch entsorgen
– bei Anfall in großen Mengen und gleicher Zusammensetzung: Aufbereitung möglich

Literaturquellen:

[1] Welzbacher, U.: Neue Arbeitsblätter für gefährliche Arbeitsstoffe nach der Gefahrstoffverordnung. Stand August 1993.

Isocyanate

Weitere Bezeichnungen:

Verwendung in der Elektrotechnik:

- Formaldehydsubstitution in Spanplatten
- Härter in Klebern
- Trafolack

Emissionsquellen:

- thermische Bearbeitungsverfahren (Herstellung, Verwertung, Entsorgung)

Angaben über Auswirkungen auf die Umwelt:

Angaben über Auswirkungen auf die menschliche Physiologie:

- Schädigung der Eiweißkörper [1]
- Schädigung der Augenschleimhäute, Atemwege und Lungenbläschen [1]
- chronische Intoxikation [1]:
  - Abnahme der Lungenfunktion (Atemvolumen)
- sensibilisierend z.B. Asthma bronchiale [1]
- akute Intoxikation [1]:
  - akute Trachitis
  - Bronchitis (bei hohen Konzentrationen)
- chronische Intoxikation [1]:
  - Dyspnoe bei körperlicher Anstrengung
  - Bronchitis
  anfangs:
  - Kurzatmigkeit
  - Atembeklemmungen und Hustenreiz
  später:
  - Asthmaanfälle

Toxikologische Daten:

bei wiederholter mäßiger Überschreitung chronisches Reizsyndrom:	20 ppb [1]
LC_{50} (Ratte)	66 ppm (1h) [1]
LC_{50} (Ratte)	14 ppm (4h) [1]

Entsorgung / Verwertung:

– Sonderabfälle

Bemerkung:

– Inhalationsgift [1]

Literaturquellen:

[1] Daunderer, M.: Handbuch der Umweltgifte: Klinische Umwelttoxikologie für die Praxis. ecomed, Landsberg/Lech, 1990.

Isopropanol (2-Propanol)

Weitere Bezeichnungen:

Isopropylalkohol, Dimethylcarbinol, sec-Propanol, Propanol-2, Propan-2-ol,
i-Propanol, 2-Hydroxypropan, BETA-Oxypropan, iso-Propylalkohol,
i-Propylalkohol, iso-Propanol, Hertosol, Persprit, Petrokol, Petrosol, Piopol

Verwendung in der Elektrotechnik:

- Löse- und Verdünnungsmittel
- Bestandteil von Druckertinte

Emissionsquellen:

- mechanische und thermische Bearbeitungsverfahren (Herstellung, Verwertung,
  Entsorgung)

Angaben über Auswirkungen auf die Umwelt:

- wassergefährdend (Wassergefährdungsklasse 1) [1]

Angaben über Auswirkungen auf die menschliche Physiologie:

- betäubende Wirkung, bis hin zur Bewußtlosigkeit (Inhalation, orale
  Inkorporation) [1]

Toxikologische Daten:

LD_{50} (oral,Ratte)	5045 mg/kg [1]
LD_{Lo} (inhal.,Ratte)	12000 ppm (8h) [1]
LD_{50} (ip.,Ratte)	2735 mg/kg [1]
LD_{50} (iv.,Ratte)	1099 mg/kg [1]
LD_{Lo} (sc.,Maus)	6000 mg/kg [1]
LD_{50} (ip.,Maus)	4477 mg/kg [1]
LD_{50} (iv.,Maus)	1509 mg/kg [1]
LD_{50} (oral,Maus)	3600 mg/kg [1]
LD (oral, Mensch)	223-5272 mg/kg [1]

Entsorgung / Verwertung:

- kleine Mengen (bis 100 g) [1]:
  mit viel Wasser verdünnen und wegspülen
- große Mengen [1]:
  Mit Universalbinder (Blähglimmer, Kieselgur) aufnehmen und in geeigneter
  Verbrennungsanlage entsorgen
- alternativ:
  als Sondermüll entsorgen [1]

Bemerkung:

Literaturquellen:

[1] Welzbacher, U.: Neue Arbeitsblätter für gefährliche Arbeitsstoffe nach der
    Gefahrstoffverordnung. Stand August 1993.

Jod und seine Verbindungen

Weitere Bezeichnungen:

Jodum, J_2

Verwendung in der Elektrotechnik:

- Halogenlampen
- Flammhemmer
- Flutlicht
- Diaschmalfilmprojektor
- Halogen-Metalldampflampen

Emissionsquellen:

- mechanische und thermische Bearbeitungsverfahren (Herstellung, Verwertung, Entsorgung)

Angaben über Auswirkungen auf die Umwelt:

- wassergefährdend (Wassergefährdungsklasse 1) [2]

Angaben über Auswirkungen auf die menschliche Physiologie:

- augen-, haut- und schleimhautreizend [1,2]
- akute Intoxikation (selten) [1]:
  - Gastroenteritis
  - Nierenblutungen und Anurie
  - Schwellungen und Blutungen in den Atemwegsschleimhäuten (Glottisödem)
  - Netzhautschädigung (nach intravenöser Injektion zur Krampfaderverödung)
- chronische Intoxikation (Jodismus) [1]:
  - Schnupfen
  - Konjunktivitis
  - Bronchitis
  - Husten
  - Asthma

- Kopfschmerzen
- Exantheme
- Jodakne (Ausscheidung von Jod über die Talgdrüsen)
- weites Symptomspektrum:
  von leichten Fieberanstiegen u.U. mit Exanthemen bis zu Kreislaufkollaps und plötzlichen Todesfällen [2]
- orale Inkorporation [2]:
  - Magen - Darm - Beschwerden
  - Metallgeschmack
  - Durchfall
  - Kollaps
- sensibilisierend [2,3]

Toxikologische Daten:

tödlich (orale Einnahme):   30 g Jodtinktur [1]

Entsorgung / Verwertung:

- Rückgewinnung in geeigneter Destillationsanlage [2]
- Sondermüll [2]

Bemerkung:

Heftige Reaktion mit Schwefel, Eisen, Quecksilber, Alkalimetallen, Phosphor und ätherischen Ölen; Explosionsgefahr bei Kontakt mit Ammoniak [2]

Literaturquellen:

[1] Wirth, W.; Hecht, G.; Gloxhuber, C.: Toxikologie-Fibel. 2. Auflage, Georg Thieme, Stuttgart (1971), S. 71f.
[2] Welzbacher, U.: Neue Arbeitsblätter für gefährliche Arbeitsstoffe nach der Gefahrstoffverordnung. Stand August 1993.
[3] Daunderer, M.: Handbuch der Umweltgifte: klinische Umwelttoxikologie für die Praxis. ecomed, Landsberg/Lech, 1990.

Kaliumhydroxidlösung

Weitere Bezeichnungen:

Kalilauge, Kaliumhydroxid

Verwendung in der Elektrotechnik:

- Ni-Cd-Akku
- Ni-Fe-Akku
- Ni-Zn-Akku
- Hg-Oxidzelle

Emissionsquellen:

- mechanische und thermische Bearbeitungsverfahren (Herstellung, Verwertung, Entsorgung)

Angaben über Auswirkungen auf die Umwelt:

- wassergefährdend (Wassergefährdungsklasse 1) [1]

Angaben über Auswirkungen auf die menschliche Physiologie:

- stark ätzend [1]
- Inhalation:
  - Glottisödem möglich [1]

Entsorgung / Verwertung:

- kleine Mengen mit Salzsäure neutralisieren [1]
- große Mengen aufarbeitbar
- ansonsten Sondermüll

Bemerkung:

Literaturquellen:

[1] Welzbacher, U.: Neue Arbeitsblätter für gefährliche Arbeitsstoffe nach der Gefahrstoffverordnung. Stand August 1993.

Kieselsäure

Weitere Bezeichnungen:

Verwendung in der Elektrotechnik:

- Kondensatorabdichtung (Drahtabdichtung)
- Füllstoff in Kautschuk

Emissionsquellen:

- mechanische und thermische Bearbeitungsverfahren (Herstellung, Verwertung, Entsorgung)

Angaben über Auswirkungen auf die Umwelt:

Angaben über Auswirkungen auf die menschliche Physiologie:

- regt Bildung von Bindegewebe an: fibriöse Knötchen und Schwielen [1]
- chronische Intoxikation [1]:
  - nach 5-10 Jahren (u.U. auch schon in 11 Monaten) Ausbildung einer irreversiblen Quarzlunge, die durch Tuberkulose verschlimmert wird,
  - Bronchitiden
  - Emphysem
  - Atemnot
  - Überlastung des rechten Herzens bis hin zum Tod

  schwere Formen der Silikose schreiten auch nach Expositionsende fort, wogegen leichtere Formen zum Stillstand kommen

Toxikologische Daten:

Entsorgung / Verwertung:

- nach Absprache mit den zuständigen Behörden

Bemerkung:

Literaturquellen:

[1] Wirth, W.; Hecht, G.; Gloxhuber, C.: Toxikologie-Fibel. 2. Auflage, Georg Thieme, Stuttgart (1971), S. 78-79.

Kolophonium und seine Derivate

Weitere Bezeichnungen:

Verwendung in der Elektrotechnik:

- Flußmittel in Loten, Löthilfsmittel
- Isolierbänder
- Klebstoffe
- Farben, Lacke
- Imprägnierung vun Papier und Pappe (Isolierung)
- Isolieröl (Trafo, Schalter)
- Kondensator
- Kabel

Emissionsquellen:

- beim Lötvorgang
- mechanische und thermische Bearbeitungsverfahren (Herstellung, Verwertung, Entsorgung)

Angaben über Auswirkungen auf die Umwelt:

Angaben über Auswirkungen auf die menschliche Physiologie:

- sensibilisierend, Kreuzallergien möglich mit:
Terpentin, Holzteeren, Perubalsam, Fichten- und Kiefernholzbalsam und Duftstoffen [1]

Toxikologische Daten:

Entsorgung / Verwertung:

- in Absprache mit den zuständigen Behörden

Bemerkung:

Literaturquellen:

[1] Daunderer, M.: Handbuch der Umweltgifte: klinische Umwelttoxikologie für die Praxis. ecomed, Landsberg/Lech, 1990.

Kupfer und seine Verbindungen

Weitere Bezeichnungen:

Verwendung in der Elektrotechnik:

- Leitungen
- Legierungsbestandteil (Messing, Bronze, Lot, Widerstandswerkstoff)
- Farbstoff, Pigmente (Kupferchromate)
- Kontakte
- Kühlfläche von Halbleiter
- Freileitungsseile
- Lumineszenzaktivator
- Leiterplatte

Emissionsquellen:

- mechanische und thermische Bearbeitungsverfahren (Herstellung, Verwertung, Entsorgung)

Angaben über Auswirkungen auf die Umwelt:

- für viele Bakterien und Viren ist Kupfer äußerst toxisch [4].
- Schädigung des Wurzelwachstums, toxische Wirkung auf Enzyme, Chlorose [2]
- i.d.R. wird Kupfer durch Komplexbildungsmechanismen im Boden stabilisiert, wodurch die Bioverfügbarkeit stark sinkt [2]
- Auf stark belasteten Böden gedeihen nur noch tolerante Grasarten [5]
- Wiederkäuer reagieren sehr sensibel auf Kupferbelastungen, sogar tödliche Vergiftungen sind beschrieben [2]
- Schafe und Rinder:
  Schädigung der Leber durch Hepatitis, hämolytische Anämie

Angaben über Auswirkungen auf die menschliche Physiologie:

- essentielles Spurenelement (täglicher Bedarf: 1-2 mg) [1,2]
- täglicher Kupferbedarf [2]:
  Erwachsene: 0,03 mg/kg Körpergewicht
  Kinder: 0,08 mg/kg Körpergewicht

- größere Kupferstücke, etwa durch Verschlucken aufgenommen, sind im menschlichen Organismus kaum löslich und deswegen praktisch ungiftig [1]
- Einfärbung von Haut, Haaren, Zahnhälsen und Zähnen nach Einwirkung von Kupfer- und Bronzestäuben [1]
- Inhalation von Stäuben (auch Bronzestäube) [1]:
  - "Metallfieber"
- Ausscheidung über die Galle [3] und Stuhl [2]
- Akkumulation in Nieren, Gehirn und Leber [2]
- Zellwandtransfer in Form von organischen Komplexen [2]
- Kupfer wirkt antagonistisch zu Zink. Eine Kupferbelastung führt zu Zinkmangel [2]
- Blauverfärbung der Lunge bei Kupferbelastung [2]
- Kupfermetallsplitter, ins Auge eingedrungen, können zum Verlust oder zu Kupferstar führen [2]
- Lokale Einwirkung von Kupfersalzen [2]
  - am Auge:
    - Konjunktivitis
    - Lidödem
    - Geschwürbildung
    - Trübung der Cornea
  - auf der Haut:
    - Papulovesikuläre Ekzeme
- chronische Einwirkung von Kupferstaub [2]:
  - grün-schwärzliche Haut- und Haarverfärbungen
  - Klonische Krämpfe
  - Koliken
  - Sehstörungen
  - Atembeschwerden
  - Pelzigkeit (Parästhesien)
  - starkes Zittern
  - Schwäche
  - Obstipation
  - Zähneknirschen
  - Allergien
  - Leberschädigung

Toxikologische Daten:

Toxizitätsschwelle:	25 mg [2]
(bei akuter Aufnahme)	(gastrointestinale Störungen)
Fischtoxizität:	
LC_{50} (Fische)	0,8 mg/l ($CuSO_4$) [2]

Entsorgung / Verwertung:

- metallisches Kupfer wird weiterverwertet
- Kupferabfälle, die mit anderen Stoffen vermischt sind:
  - bei ausreichend großem Kupferanteil Rückgewinnung des Kupfers
  - ansonsten je nach Abfallart Sonderabfalldeponie, chemisch-physikalische Bearbeitungsverfahren

Bemerkung:

- im menschlichen Körper Bestandteil von:
  Cytochrom-Oxidase, Coerloplasmin, Uricase, Monoaminoxidase, Tyrosinase und Ascorbinsäureoxidase [2]

Literaturquellen:

[1] Wirth, W.; Hecht, G.; Gloxhuber, C.: Toxikologie-Fibel. 2. Auflage, Georg Thieme, Stuttgart (1971), S. 122.
[2] Daunderer, M.: Handbuch der Umweltgifte: Klinische Umwelttoxikologie für die Praxis. ecomed, Landsberg/Lech, 1990.
[3] Venucopal, B.; Lucket, T.D.: Metal Toxicity in Mammals. Plenum Press (1979).
[4] Olson, B.H.; Thornton, I.: Proceedings of the International Conference on Heavy Metals in the Environment. CEP Consultants Ltd., Edinburgh (1981).
[5] Lepp, N.W.: Effect on Heavy Pollution on Plants. Applied Science Publisher (1981).

Kupfer-I-oxid

Weitere Bezeichnungen:

Cu_2O, Dikupfermonooxid, Kupfer(I)-oxid, braunes Kupferoxid, rotes Kupferoxid

Verwendung in der Elektrotechnik:

- Halbleiter

Emissionsquellen:

- mechanische und thermische Bearbeitungsverfahren (Herstellung, Verwertung, Entsorgung)

Angaben über Auswirkungen auf die Umwelt:

Angaben über Auswirkungen auf die menschliche Physiologie:

- Inhalation oder orale Inkorporation:
  Verätzungen der Schleimhäute [1]

Toxikologische Daten:

LD_{50} (oral,Ratte)   470 mg/kg [1]

Entsorgung / Verwertung:

- kleine Mengen (bis zu mehreren kg) [1]:
  Hausmüll
- große Mengen [1]:
  Sondermüll

Bemerkung:

Literaturquellen:

[1] Welzbacher, U.: Neue Arbeitsblätter für gefährliche Arbeitsstoffe nach der Gefahrstoffverordnung. Stand August 1993.

Kaliumdichromat

Weitere Bezeichnungen:

$K_2Cr_2O_4$

Verwendung in der Elektrotechnik:

− Füllung galvanischer Elemente

Emissionsquellen:

− mechanische und thermische Bearbeitungsverfahren (Herstellung, Verwertung, Entsorgung)

Angaben über Auswirkungen auf die Umwelt:

Angaben über Auswirkungen auf die menschliche Physiologie:

− durch Reduktion entsteht im Körper grünes Chrom(II)- oxid (Cr_2O_3) [1]
− akute Intoxikation [1]:
  - Leibschmerzen
  - Übelkeit
  - Erbrechen
  - lebensbedrohender Schock
  - Durchfall
  - blutiger Harn
  - Tod durch Anurie und Urämie
− chronische Intoxikation [1]:
  In Hautverletzungen eingedrungener · Kaliumdichromatstaub verursacht lochförmige, sich ausbreitende, schlecht heilende Geschwüre [1]
− Inhalation [1]:
  - Atemwegskatarrhe
  - Nekrosen der Nasenschleimhaut
  - Perforation der Nasenscheidewand (nach mehrmonatiger Einwirkung)
  - Konjunktivitis

Toxikologische Daten:

tödliche Mengen: 6-8 g [1]

Entsorgung / Verwertung:

- nach Absprache mit den zuständigen Behörden

Bemerkung:

Literaturquellen:

[1] Wirth, W.; Hecht, G.; Gloxhuber, C.: Toxikologie-Fibel. 2. Auflage, Georg Thieme, Stuttgart (1971), S. 115f.

Lithium und seine Verbindungen

Weitere Bezeichnungen:

Li

Verwendung in der Elektrotechnik:

- Knopf- und Rundzellen (Taschenrechner, Uhren, Fotobedarf)
- SO_x - Sensor

Emissionsquellen:

- mechanische und thermische Bearbeitungsverfahren (Herstellung, Verwertung, Entsorgung)

Angaben über Auswirkungen auf die Umwelt:

- reagiert mit vielen Mineralien [1]
- Bildung von stark ätzendem Lithiumhydroxid in feuchtem biologischen Milieu [1]
- wassergefährdend (Wassergefährdungsklasse 1) [1]

Angaben über Auswirkungen auf die menschliche Physiologie:

- Verätzungen durch Bildung von Lithiumhydroxid im feuchten Milieu [1]

Toxikologische Daten:

Entsorgung / Verwertung:

- trocken aufnehmen und als Sondermüll entsorgen [1]
- mit höheren Alkoholen versetzen (Achtung! Gefahr von Knallgasbildung), Hydrolyse mit Wasser, neutralisieren des Hydroxides, schließlich mit Wasser verdünnen und wegspülen [1]

Bemerkung:

Literaturquellen:

[1] Welzbacher, U.: Neue Arbeitsblätter für gefährliche Arbeitsstoffe nach der Gefahrstoffverordnung. Stand August 1993.

Magnesium und seine Verbindungen

Weitere Bezeichnungen:

Mg

Verwendung in der Elektrotechnik:

- Legierung (leichte Werkstoffe)
- Einwegblitzlampen (Foto)
- Getterstoff für quecksilberhaltige Entladungsgefäße
- Lautsprecherkorb

Emissionsquellen:

- mechanische und thermische Bearbeitungsverfahren (Herstellung, Verwertung, Entsorgung)

Angaben über Auswirkungen auf die Umwelt:

- Magnesiumpulver ist im allgemeinen nicht wassergefährdend (Wassergefährdungsklasse 0) [1]

Angaben über Auswirkungen auf die menschliche Physiologie:

- oral inkorporierter Staub technischer Leichtmetalle verursacht Verdauungsstörungen, Appetitlosigkeit und Gewichtsverlust [1]
- periphere und zentrale Lähmungen (Einnahme großer Mengen) [1]
- Verwendung in der Medizin als Abführmittel [1]
- auf Grund der Feinheit der Partikel:
  akute Reizung der Schleimhäute [1]

Toxikologische Daten:

mögliche tödliche Dosis: 50 g [1]
LD_{50} (oral,Hund): 230 mg/kg [1] (Magnesiumpulver)

Entsorgung / Verwertung:

– aufarbeiten oder als Sondermüll entsorgen [1]

Bemerkung:

Literaturquellen:

[1] Wirth, W.; Hecht, G.; Gloxhuber, C.: Toxikologie-Fibel. 2. Auflage, Georg
    Thieme, Stuttgart (1971), S. 112.
[2] Welzbacher, U.: Neue Arbeitsblätter für gefährliche Arbeitsstoffe nach der
    Gefahrstoffverordnung. Stand August 1993.

Mangan und seine Verbindungen

Weitere Bezeichnungen:

Verwendung in der Elektrotechnik:

– Legierung (z.B. Lot)
– Widerstandswerkstoff
– Lumineszenzaktivator
– Batterie (Knopfzelle)

Emissionsquellen:

– mechanische und thermische Bearbeitungsverfahren (Herstellung, Verwertung, Entsorgung)

Angaben über Auswirkungen auf die Umwelt:

Angaben über Auswirkungen auf die menschliche Physiologie:

– essentielles Spurenelement (täglicher Bedarf: 2-3 mg) [1]
– Ausscheidung zu 50% über den Darm [1]

Toxikologische Daten:

Entsorgung / Verwertung:

– Altmangan kann der Manganindustrie wieder zugeführt werden

Bemerkung:

Literaturquellen:

[1] Wirth, W.; Hecht, G.; Gloxhuber, C.: Toxikologie-Fibel. 2. Auflage, Georg Thieme, Stuttgart (1971), S. 117f.

Mangandioxid

Weitere Bezeichnung:

Braunstein, Mangan(IV)-oxid, Mangandioxid, Pyrolusit

Verwendung in der Elektrotechnik:

- Li-Mn-Batterie (Knopf- und Rundzellen)
- Elektrolyt in trockenem Aluminium- und Tantalkondensator
- Mg-Trockenbatterie

Emissionsquellen:

- mechanische und thermische Bearbeitungsverfahren (Herstellung, Verwertung, Entsorgung)

Angaben über Auswirkungen auf die Umwelt:

- wassergefährdend (Wassergefährdungsklasse 1) [1]

Angaben über Auswirkungen auf die menschliche Physiologie:

- nach Staubinhalation Reizung der Atemwege [1]
- akute Vergiftungen bisher nicht bekannt [1]
- akute Intoxikation [2]:
  - Manganpneumonie
- langjährige Exposition:
  - Pneumonie [1]
- chronische Intoxikation (selten) [2]:
  - Manganismus (Latenzzeit einige Monate bis Jahrzehnte):
    - Manganenzephalitis, mit Symptomen des Parkinsonismus
    - Schlafsucht
    - Gesichtsmuskelstarre ("Masken- oder Salbengesicht")
    - Speichelfluß
    - Intelligenz- und Gedächtnisdefekte
    - Parästhesien
    - Gehstörungen
    - Potenzverlust

- Nachtschweiß
- Fieber
- Hyperglobulie
- Anämie
- Appetitlosigkeit

Toxikologische Daten:

Entsorgung / Verwertung:

- kleine Mengen (wenige Gramm):
  mit Wasser aufschäumen und zum Hausmüll geben [1]
- größere Mengen:
  Sondermüll [1]

Bemerkung:

Literaturquellen:

[1] Welzbacher, U.: Neue Arbeitsblätter für gefährliche Arbeitsstoffe nach der Gefahrstoffverordnung. Stand August 1993.
[2] Wirth, W.; Hecht, G.; Gloxhuber, C.: Toxikologie-Fibel. 2. Auflage, Georg Thieme, Stuttgart (1971), S. 3.

Naphthalin
Weitere Bezeichnungen:

Verwendung in der Elektrotechnik:

- Ausgangsprodukt für Farbstoffe, Kautschukchemikalien, Weichmacher, Lösungsmittel
- Dielektrikum
- Lösemittel
- in Imprägnierölen
- Imprägniermittel für Papier
- Vergußmasse für Kabelmuffen
- Umhüllung von Bauelementen

Emissionsquellen:

- mechanische und thermische Bearbeitungsverfahren (Herstellung, Verwertung, Entsorgung)

Angaben über Auswirkungen auf die Umwelt:

- in Flußwasser in 3 Tagen abbaubar [2]
- bei Tierversuchen an Mäusen wurden nach zweijähriger Inhalation von 50 bzw.160 mg/m3 Lungentumore diagnostiziert.
- wassergefährdend (Wassergefährdungsklasse 2)

Angaben über Auswirkungen auf die menschliche Physiologie:

- kann allergische Reaktionen auslösen [3]

Toxikologische Daten:

LD beim Mensch: 5000-15000 mg/kg Körpergewicht [1]
LD beim Kind: 2000-3000 mg/kg Körpergewicht [1]

Entsorgung / Verwertung:

– Sonderabfallverbrennung
– Sonderabfalldeponie

Bemerkung:

In der Luft kommt es zu photochemischen Reaktionen mit OH und N_2O_5 zu 1- und 2-Nitronaphthalin

Literaturquellen:

[1] Masoero,M.;Clombi,A.; Garlanda,T.; Minerbi,G.P.; Report on the Evaluation of the Impact of Anthracene, Naphthalene and Biphenyl on the Aquatic Environment. Contract U/84/123. Prepared for the Commission of the European Communities, General Directorate for the Environ. Consumer Protection and Nuclear Safety (Mai 1985).
[2] Rippen: Handbuch Umweltchemikalien, Band 5
[3] Rippen: Handbuch Umweltchemikalien, Band 4

Natrium und seine Verbindungen

Weitere Bezeichnungen:

Sodium

Verwendung in der Elektrotechnik:

- Gasentladelampen (gelb)
- Natriumdampflampen
- Starkstromkabel

Emissionsquellen:

- mechanische und thermische Bearbeitungsverfahren (Herstellung, Verwertung, Entsorgung)

Angaben über Auswirkungen auf die Umwelt:

- wassergefährdend (Wassergefährdungsklasse 1) [1]

Angaben über Auswirkungen auf die menschliche Physiologie:

- in feuchtem Milieu starke Verätzungen [1]

Toxikologische Daten:

Entsorgung / Verwertung:

- kleine Mengen (wenige Gramm) [1]:
  im Abzug mit viel Isopropanol oder Butanol versetzen, mit viel Wasser verdünnen und mit Salzsäure mit neutralisieren (pH-Kontrolle), danach wegspülen [1]
- größere Mengen [1]:
  - Sondermüll

Bemerkung:

- heftige Reaktion mit Wasser, dabei werden leichtentzündliche Gase gebildet
  [1]

Literaturquellen:

[1] Welzbacher, U.: Neue Arbeitsblätter für gefährliche Arbeitsstoffe nach der Gefahrstoffverordnung. Stand August 1993.

Nickel und seine Verbindungen

Weitere Bezeichnungen:

Ni

Verwendung in der Elektrotechnik:

- Legierungszusatz (Sonderstähle)
- Heizdrähte
- Ni-Cd-Akkus
- Legierung (Lot, Widerstand)
- Korrosionsschutz
- Metallröhrchen in Hochvakuumgleichrichterdiode (Elektronenröhre)
- Ni-Cd-Akku
- Ni-Fe-Akku
- Ni-Zn-Akku
- Reed-Relais-Kontakte
- Federkontakte
- Magnetkopf
- Dehnungsmeßstreifen

Emissionsquellen:

- Abluft nickelverarbeitender Industrien [3]
- Abwasser [3]
- Klär- und Hafenschlämme [3]
- Autoabgase, Heizöl-, Erdöl- und Kohleverbrennung [3]
- nickelhaltige Haushaltsgeräte [3]
- mechanische und thermische Bearbeitungsverfahren (Herstellung, Verwertung, Entsorgung)

Angaben über Auswirkungen auf die Umwelt:

- [3] stuft die Pflanzenverfügbarkeit mittel bis schwach ein
- auf Grund der geringen Mobilität Anreicherung in Böden [3]

Angaben über Auswirkungen auf die menschliche Physiologie:

- essentielle Spurenelemente (tägliche Aufnahme: 0,3-0,5 mg) [1]
- Ausscheidung über Nieren und Kot [1], Urin, Schweiß, Haare und Haut [3]
- Nickeldermatitis ("Nickelkrätze") [1]
- sensibilisierend [1], hohes Sensibilisierungspotential (positive Reaktion im Epikutantest bei rund 10% der Allgemeinbevölkerung) [3]
- Biologische Halbwertszeit inhalativ resorbierten Nickeloxides: 30-40 Tage [3]
- differenzierte Beeinflussung verschiedener Enzyme:
  Hemmung, als auch Steigerung der Enzymtätigkeiten (niedrige Konzentrationen aktivieren diverse Enzyme, höhere wirken hemmend [3]
- zweiwertiges Nickel führt zu DNS-Strangbrüchen und bildet mit Protein und DNS stabile ternäre Komplexe [3]
- Inhalation hoher Konzentrationen [3]:
  - akute/subakute Vergiftungen
  - Übelkeit
  - Schwindel
  - Kopfschmerzen
  - Lungen-, Leber-, Nieren- und ZNS-Schädigungen
- Inhalation [3]:
  - chronischer Schnupfen
  - Nasennebenhöhlenentzündung
- Kanzerogenität bei einer Latenzzeit von 10-40 Jahren, Lungen-, Nasen- und Nasennebenhöhlenkrebs (u.U. auch Kehlkopf-, Magen- und Nierenkrebs) [3]
- Nickeldermatitis [3]
- Ekzem [3]
- Asthma bronchiale [3]
- Kopfschmerzen [3]

Toxikologische Daten:

Entsorgung / Verwertung:

- Recyclingquote in den USA: 10% (i.d.R. nickelhaltige Abfälle der Stahlindustrie) [3]
- Nickelabfälle können der Nickelindustrie zugeführt werden

Bemerkung:

Literaturquellen:

[1] Wirth, W.; Hecht, G.; Gloxhuber, C.: Toxikologie-Fibel. 2. Auflage, Georg Thieme, Stuttgart (1971), S. 120f.

[2] Roth, L.; Daunderer, M.: Giftliste. Giftige, gesundheitsschädliche, reizende und krebserzeugende Stoffe. 6. Auflage ecomed (30.10.1993), III Giftmonographien, Blei.

[3] Daunderer, M.: Handbuch der Umweltgifte: klinische Umwelttoxikologie für die Praxis. ecomed, Landsberg/Lech, 1990.

Osmiumtetroxid

Weitere Bezeichnungen:

OsO_4, Osmiumsäure

Verwendung in der Elektrotechnik:

- Glühlampen

Emissionsquellen:

- mechanische und thermische Bearbeitungsverfahren (Herstellung, Verwertung, Entsorgung)

Angaben über Auswirkungen auf die Umwelt:

Angaben über Auswirkungen auf die menschliche Physiologie:

- stark giftig [1]
- Schleimhautreizungen [2]
- Erblinden durch Ablagerung von reduziertem, schwarzem Osmium in der Hornhaut [1]
- blutiger Durchfall
- Nierenentzündung
- Dermatiden und Schwarzfärbungen an der Haut

Toxikologische Daten:

Entsorgung / Verwertung:

- nach Absprache mit den zuständigen Behörden

Bemerkung:

Literaturquellen:

[1] Wirth, W.; Hecht, G.; Gloxhuber, C.: Toxikologie-Fibel. 2. Auflage, Georg
Thieme, Stuttgart (1971), S. 71f.
[2] Editorial: Vanadium Poisoning in Boiler Cleaners. Lancet 1957/II, S. 228f.

Palladium und seine Verbindungen

Weitere Bezeichnungen:

Pd

Verwendung in der Elektrotechnik:

- Kontaktwerkstoff (bei niedrigen Spannungen)
- Schottkydiode
- Gassensor
- Schichtwerkstoff in der Dickschichttechnik
- Solarzelle

Emissionsquellen:

- mechanische und thermische Bearbeitungsverfahren (Herstellung, Verwertung, Entsorgung)

Angaben über Auswirkungen auf die Umwelt:

Angaben über Auswirkungen auf die menschliche Physiologie:

- in vitro Hemmung verschiedener Enzymsysteme des Menschen (z.B. Keratin-Kinase, Aldoiase, alkalische Phosphatase, usw.).Der Grund hierfür dürfte in einer Interaktion des Palladiums mit den Sulfhydrilgruppen der Enzyme zu suchen sein [1]
- Schädigung der DNS [1]
- Herzrhythmusstörungen (Palladiumsalze) [1]
- sensibilisierend (selten) [1]
- Kopfschmerzen [1]
- Nervosität [1]
- Schlaflosigkeit [1]
- Magen-Darm-Beschwerden [1]
- Gelenkschmerzen [1]
- Ekzem [1]

Toxikologische Daten:

Entsorgung / Verwertung:

–   Palladium ist ein Edelmetall, für dessen Abfälle Erlöse zu erzielen sind

Bemerkung:

–   derzeit sind etwa 102 Palladium-Basis-Legierungen im Umlauf, d.h. Legierungen, bei denen Palladium die Hauptkomponente bildet [1]

Literaturquellen:

[1] Daunderer, M.: Handbuch der Umweltgifte: Klinische Umwelttoxikologie für die Praxis. ecomed, Landsberg/Lech, 1990.

Phenolharz

Weitere Bezeichnungen:

PF, Phenolformaldehyd, Phenolformaldehydharz, Bakelit

Verwendung in der Elektrotechnik:

- Kabel
- stark beanspruchte Platten
- Hilfsprodukt mit härtenden und verstärkenden Eigenschaften (speziell Butadien-Acrylnitrilmischpolymerisate)
- Grundlage für Phenolharzlacke
- Preßteile
- Leiterplatten
- Röhrensockel, Spulenkörper
- Installationsmaterial (Lampenfassung, Schalter, Stecker, Gehäuse für elektrische Maschinen und Bauelemente)
- Schleifringe, Kollektoren
- Trägermaterial für Dehnungsmeßstreifen

Emissionsquellen:

- mechanische und thermische Bearbeitungsverfahren (Herstellung, Verwertung, Entsorgung)

Angaben über Auswirkungen auf die Umwelt:

Angaben über Auswirkungen auf die menschliche Physiologie:

- sensibilisierend [1]

Toxikologische Daten:

Entsorgung / Verwertung:

- nach Absprache mit den zuständigen Behörden

Bemerkung:

Literaturquellen:

[1] Daunderer, M.: Handbuch der Umweltgifte: klinische Umwelttoxikologie für die Praxis. ecomed, Landsberg/Lech, 1990.

Phosphor und seine Verbindungen

Weitere Bezeichnungen:

Amorpher Phosphor, violetter Phosphor

Verwendung in der Elektrotechnik:

- Halbleitertechnik
- Störatom in Halbleiter
- Getterstoff in der Hochvakuumtechnik (Glühlampen)
- in Ag-Cu-Lot
- Flammhemmer in Schützen (roter Phosphor)
  Getterstoff (Sorbtionsmittcl zur Bindung organischer Dämpfe)

Emissionsquellen:

- mechanische und thermische Bearbeitungsverfahren (Herstellung, Verwertung, Entsorgung)

Angaben über Auswirkungen auf die Umwelt:

Angaben über Auswirkungen auf die menschliche Physiologie:

- Reiner roter Phosphor ist nur wenig toxisch, soweit er keine Verunreinigungen an weißem Phosphor enthält.
- bei Inhalation großer Staubmengen Pneumonie möglich [1]

Toxikologische Daten:

- Es liegen keine quantitativen toxischen Daten vor.[1]

Entsorgung / Verwertung:

- Sondermüll [1]

Bemerkung:

Literaturquellen:

[1] Welzbacher, U.: Neue Arbeitsblätter für gefährliche Arbeitsstoffe nach der Gefahrstoffverordnung. Stand August 1993.

Phthalsäureester

Weitere Bezeichnungen:

Verwendung in der Elektrotechnik:

- Weichmacher von Kunststoffen, alternativ zu PCB

Emissionsquellen:

- thermische Bearbeitungsverfahren (Herstellung, Verwertung, Entsorgung)

Angaben über Auswirkungen auf die Umwelt:

- geringe akute Toxizität gegenüber Fischen und aquatischen Invertebraten [1]
- Im Vergleich zu den PCBs geringe Persistenz. Sie erhöht sich jedoch, wenn Phthalsäureester in anaerobe Bereiche von Sedimenten gelangen. [2]
- Hohe Siedepunkte, niedrige Dampfdrucke und eine hohe Lipophilie begünstigen die Sedimentation und damit den Schutz vor Abbau. [3]
- hohe Stabilität und Biokonzentrationstendenz in aquatischen Systemen [4]
- In Böden und Sediment Aufbau remobilisierbarer Stoffdepots auf Grund des Distributionsverhaltens zwischen Hydro-, Pedo- und Atmosphäre sowie Biota (Geoakkumulationstendenz). [4]
- schnelle Bioresorption und -distribution [4]

Angaben über Auswirkungen auf die menschliche Physiologie:

- schneller Resorption und guter Biodistribution stehen ein relativ schneller enzymatisch gesteuerter Metabolismus sowie eine nahezu vollständige Ausscheidung gegenüber [4]
- Die Anzahl der Kohlenstoffatome und die molekulare Struktur der Esteralkohole sind für die Unterschiede in Resorption, Biodistribution und Transformation verantwortlich [4]
- Nur bei sehr hohen und normalerweise nicht in der Umwelt anzutreffenden Konzentrationen sind kanzerogene und mutagene Effekte beschrieben. Im Tierversuch wurde Kanzerogenität nachgewiesen [4]
- Passage der Plazenta und Blut-Hirn-Schranke [4]
- Teratogene, feto- und embryotoxische Effekte [4]
- Veränderungen des peripheren und zentralen Nervensystems [4]

- Schädigungen des reproduktiven Systems [4]
- kumulative Wirkung [4]
- Leber und Niere erfahren strukturelle und funktionelle Veränderungen [4]
- Aktivitätsveränderungen verschiedener Enzyme [4]

Toxikologische Daten:

Entsorgung / Verwertung:

- nach Absprache mit den zuständigen Behörden

Bemerkung:

- Die Untersuchungen über Phthalsäureester beschränken sich größtenteils auf Di(2-ethylhexyl)phthalat (DEHP), das einen bedeutenden Anteil an der Gesamtproduktion ausmacht. [3]
- Unter Phthalsäureester (Phthalate) versteht man die von der 1,2-Benzoldicarbonsäure abgeleiteten Ester mit unverzweigten oder verzweigten aliphatischen Seitenketten [4]
- Auswahl aus der U.S. amerikanischen Phthalsäureesterfertigung:
  - Dioctylphthalat
  - Di-(ethylhexy)-phthalat (DEHP)
  - Di-iso-butylphthalat
  - Dibutyl- und Di-iso-butylphthalat
- geringe Flüchtigkeit [4]
- geringe Wasserlöslichkeit [4]
- gute Lipoidlöslichkeit [4]
- hohe mikrobiologische Degradationstendenz [4]
- durch Estergruppe bedingte Reaktivität [4]
- Bezüglich der Toxizität und der chemisch-physikalischen Eigenschaften sind auf Grund unterschiedlicher Strukturen Abstufungen feststellbar [4]
- Exposition des Menschen maßgeblich über tierische und pflanzliche Lebensmittel und Wasser [4]

Literaturquellen:

[1] Mayer & Sanders 1973.
[2] Peteson & Freeman 1982.
[3] Rippen: Handbuch Umweltchemikalien
[4] Koch, R.: Umweltchemikalien. VCH, Weinheim (1989), S. 307-315.

Platin und seine Verbindungen

Weitere Bezeichnungen:

Verwendung in der Elektrotechnik:

- Kontaktwerkstoff
- Katalysator (auch unerwünscht: z.B.: Bildung von katalytischen Polymeren auf Kontakten, wobei das Vorhandensein von aromatischen Dämpfen im ppm -Bereich ausreicht)
- Thermoelement

Emissionsquellen:

- mechanische und thermische Bearbeitungsverfahren (Herstellung, Verwertung, Entsorgung)

Angaben über Auswirkungen auf die Umwelt:

Angaben über Auswirkungen auf die menschliche Physiologie:

- sensibilisierend, insbesondere Platinsalze [1]
  (Platinose, eine Inhalationsallergie mit dem Krankheitsbild des Asthmabronchiale)
- Platinose, bei Kontakt mit löslichen Platinverbindungen [1]:
  - Rhinitis
  - Konjunktivitis
  - Asthma bronchiale
  - Urticaria
  - Quinecke-Ödeme
  - Hypertrophie des lymphatische Gewebes
- Kontaktdermatitis bei Kontakt mit löslichen Platinverbindungen [1]
- Chromosomenaberrationen [1]
- lösliche Platinverbindungen wirken immunsuppressiv [2]

Toxikologische Daten:

Entsorgung / Verwertung:

– für Platinabfälle lassen sich z.T. beträchtliche Erlöse erzielen, dementsprechend werden Abfälle mit ausreichender Platinkonzentration weiterverwertet.

Bemerkung:

– Die Toxizität von Platin steigt mit der Zunahme der Wertigkeit, wobei die löslichen Komplexverbindungen die stärkste Toxizität aufweisen [1]

Literaturquellen:

[1] Daunderer, M.: Handbuch der Umweltgifte: klinische Umwelttoxikologie für die Praxis. ecomed, Landsberg/Lech, 1990.
[2] Berenbaum, M.C.. Brit. J. Cancer 25, 208 (1971).

Polychlorierte Biphenyle (PCBs)

Weitere Bezeichnungen:

Chlorierte Biphenyle, Clophen
Handelsnamen: Aroclor, Phenoclor, Delor, Kanechlor

Verwendung in der Elektrotechnik:

- Isolier- und Kühlflüssigkeit
- Weichmacher für Lackharze und Kunststoffe
- Dielektrikum in Kondensatoren
- Weichmacher in Kunststoffen
- Isolierflüssigkeit in Transformatoren und Kondensatoren (Elektrolyt- und Leistungskondensatoren)
- Transformatorenöl (Isolierung)

Emissionsquellen:

- durch produktionstechnisch bedingte Verunreinigungen in Materialien Beispiele [2]:

Papier	850 mg/kg (Japan)
Kopierpapier	30-64 mg/kg (Japan)
Karton	5,5 mg/kg (Japan)
Graukarton	5,5 mg/kg (Schweiz)
Holz	3,7-4,0 mg/kg (Schweiz)

- mechanische und thermische Bearbeitungsverfahren (Herstellung, Verwertung, Entsorgung)

Angaben über Auswirkungen auf die Umwelt:

- wassergefährdend (Wassergefährdungsklasse 3) [1]
- direkte Gefährdung biologischer Strukturen von Hydro-, Atmo-, Bio- und Pedosphäre durch ausgeprägte Bio- bzw. Geoakkumulationstendenz und große Stabilität (insbesondere Tetra-, Heptachlorbiphenyl - Isomere) [2]
- auf Grund der ausgeprägten Akkumulationseigenschaften indirekte Gefährdung durch Aufbau von PCB-haltigen Stoffdepots in der Umwelt, die unter spezifischen Bedingungen remobilisiert werden können [2]

- Schädigung von Fischen bei chronischer PCB-Exposition mit 0,01 mg/l bei einer Expositionsdauer von 100 Tagen [2]
- hohe Biokonzentrationstendenz [2]
- maßgebliches Transportmedium:
  Luft und Wasser [2]
- in Böden ausgesprochene Sorptionstendenz [2]
- Bedingt durch die stark ausgeprägten lipophilen Eigenschaften kommt es zu PCB-Anreicherungen in den fetthaltigen Geweben lebender Organismen. "Die Akkumulation von PCBs variiert zwischen den einzelnen Spezies, und innerhalb einer Spezies gibt es große Unterschiede aufgrund der verschiedenen Lebensräume und der damit veränderten Parameter wie Metabolismus, Exposition, Größe und Wachstumsrate."[2,4]

Angaben über Auswirkungen auf die menschliche Physiologie:

- geringe akute Toxizität [2]
- krebserzeugend nach Gruppe: III B (Stoffe mit begründetem Verdacht auf krebserzeugendes Potential) [1,2], an mindestens zwei Tierspezies wurde für handelsübliche Produkte Kanzerogenität nachgewiesen [2]
- Resorption über die Haut [1]
- Schädigung der Leber [1]
- Lungenödem [1]
- Schädigung von Haut (Akne), Leber, Niere, Gastrointestinaltrakt und ZNS [2]
- Wirkungen auf:
  - endokrines System
  - Immunsystem
  - Aktivität (Erhöhung) mikrosomaler Enzyme [2]
- irreguläre Menstruationszyklen [2]
- Hyperpigmentierte Haut bei Säuglingen [2]
- Placentapassage [2]
- langsame Ausscheidung:
  Retentionszeiten von drei Jahren und mehr [2]
- besondere Gefährdung von Fötus, Embryo und Säugling [2]
- Bedingt durch die gute Lipoidlöslichkeit wird PCB leicht resorbiert und mit dem Blut in die Gewebe- und Organstrukturen verteilt [2]
- in Leber und Niere bevorzugte PCB-Akkumulation [2]
- Stofftransfer über Muttermilch [2]

Toxikologische Daten:

LD_{50} (oral,Ratte)	ca. 4250 mg/kg (42% Cl) [1]
LD_{50} (oral,Ratte)	980-11000 mg/kg (54% Cl) [1]
LD_{50} (oral,Ratte)	4000 mg/kg Aroclor 1221 [2]
LD_{50} (oral,Ratte)	2150 mg/kg 2,4,3,4-TCB [2]
LD_{50} (oral,Ratte)	430 mg/kg 5-Hydroxymetabolit [2]
LD_{50} (oral,Ratte)	1,3 ml/kg Kaneclor 400 [2]
LD_{50} (oral,Maus)	ca. 1900 mg/kg (42% Cl) [1]
LD_{50} (oral,Maus)	1,87 mg/kg Kaneclor 400 [2]
LD_{50} (oral,Maus)	6,36 ml/kg Kaneclor 300 [2]
LD_{50} (oral,Maus)	7860 mg/kg Dichlorbiphenyl [2]
LD_{50} (oral,Maus)	3060-4250 mg/kg Trichlorbiphenyl [2]
LDL_0 (derm.,Kaninchen)	1269 mg/kg (54% Cl) [1]

Entsorgung / Verwertung:

- Sondermüll, Beseitigungsverfahren von Gehalt an PCDD u. PCDF abhängig [1]
- Nach der Altölverordnung dürfen Altöle mit einer Belastung von mehr als 20 mg/kg nicht aufgearbeitet werden [2]. Bei Entsorgung muß eine Rückstellprobe gezogen und solange aufbewahrt werden, bis Cl-Gehalt bestimmt ist.
- Einleitung in Gewässer ist unzulässig [2]
- Unkontrollierte Verbrennung sollte wegen der Gefahr der Furan- und Dioxinbildung unterbleiben [2]

Bemerkung:

- Unter PCBs versteht man eine Gruppe von 209 Stoffisomeren, die aus chlorierten Biphenylen bestehen, wobei Eigenschaften wie Wasserlöslichkeit, Lipophilität, Flüchtigkeit (Dampfdruck), Reaktivität, Bioaktivität (Toxizität), Distributions-, Metabolisierungs- und Eliminierungsverhalten vom Chlorierungsgrad abhängen. Je höher der Chlorierungsgrad, desto höher die Lipoidlöslichkeit, die Persistenz, die Bio- und Geoakkumulation und desto niedriger die Wasserlöslichkeit, Flüchtigkeit und die Transformationstendenz (Reaktivität, Metabolismus) [2]
- reine PCB-Isomere haben keine kommerzielle Bedeutung [2]
- 1968-1975 1291 Erkrankungen in Japan an der Yusho-Krankheit durch kontaminiertes Reisöl [2]
- hohe thermische und chemische Stabilität
- Säuren- und Basenbeständigkeit [2]

- hohe Persistenz
- Die Flüchtigkeit sinkt mit dem Chlorierungsgrad
- Bei Messungen wurden im Sommer höhere Immissionswerte als im Winter gemessen, was den Schluß auf ein temperaturabhängiges Verdampfen nahelegt.
- Seit 1978 sind PCBs in der Bundesrepublik Deutschland in offenen Systemen verboten. Die PCB-Produktion in Ländern der "dritten Welt" steigt jedoch immer noch an. Die Importwaren aus diesen Ländern bilden somit auch weiterhin PCB-Belastungsquellen.
- Mittlerweile werden Phthalsäureester und Tetrachlorbenzyltoluole als Ersatzstoffe eingesetzt. In einer niederländischen Arbeit wurde auf den nicht unproblematischen Einsatz dieser Ersatzstoffe hingewiesen [2,3]
- hervorragende dielektrische Eigenschaften [2]
- gute Löslichkeit in organischen Lösungsmitteln und Ölen [2]

Literaturquellen:

[1] Welzbacher, U.: Neue Arbeitsblätter für gefährliche Arbeitsstoffe nach der Gefahrstoffverordnung. Stand August 1993.
[2] Rippen: Handbuch Umweltchemikalien, Band 6.
[3] Wester & Falk, 1990.
[4] Jensen et al., 1982.
[5] Portmann, 1970.
[6] Westö & Noren, 1970.

Polychlorierte Dibenzodioxine (PCDD) am Beispiel von 2,3,7,8-Tetrachlordibenzo-p-dioxin

Weitere Bezeichnungen:

2,3,7,8-TCDD, TCDD

Verwendung in der Elektrotechnik:

- kein beabsichtigter Einsatz in der Elektrotechnik, aber als Produktionsverunreinigung z.B. in Papierprodukten [1], Holzschutzmitteln [2] und in chlorphenolhaltigen Produkten und Grundstoffen [3]

Emissionsquellen:

- Herstellung und Anwendung kontaminierter Chemikalien und Produkte, wie Chlorphenole, Chlorbenzol, Hexachlorophen, Pentachlorphenol u.a. [10]
- Verbrennungsendprodukt von chlorhaltigen Ausgangsmaterialien
- Nebenprodukt bei thermischer Behandlung von chlorhaltigen Ausgangsmaterialien; z.B. bei Kontakt mit der Shredderschneide beim mechanischen Zerkleinern
- deponierte PCDD-haltige Abfälle

Angaben über Auswirkungen auf die Umwelt:

- relativ hohe Persistenz:
  - Halbwertszeit von TCDD in Gewässersedimenten: 600 Tage
  - in Böden: bis zu 10 Jahre [10]
  - in der Atmosphäre: ca. 0,5 Jahre [10]
- Wasserlöslichkeit, Lipoidlöslichkeit, Flüchtigkeit und Transformationsverhalten sind vom Chlorierungsgrad abhängig [10]
- Migrationen in tiefere Bodenschichten und damit verbundene Grundwasserkontaminationen sind nicht beschrieben [10]
- bei Versuchen mit Nährlösung:
  Adsorption von TCDDs im Wurzelbereich von Pflanzen, über die Akkumulation im überirdischen Pflanzenbereich gibt es unterschiedliche Aussagen [5]; bis jetzt gibt es keine Anzeichen für eine TCDD-Aufnahme durch Pflanzen aus dem Boden [6]
- Bei Tierversuchen mit Ratten und Mäusen wurden Mißbildungen [9] und Tumore [7] in mehreren Organen festgestellt. [7]

– In Tierversuchen erfolgt eine 30-50%ige Resorption bei oraler Aufnahme (PCDD). Dabei wurden Eliminierungshalbwertzeiten von 12-94 Tagen festgestellt (Ratten: 24-31 Tage). [10]
– Bislang sind folgende Symptome bei Versuchstieren bekannt geworden, ohne daß das komplette Wirkungsspektrum bei allen Spezis anzutreffen ist [10]:
  • Gewichtsverlust
  • Thymusathrophie
  • Wirkungen auf das Immunsystem
  • Hepatotoxizität
  • reproduktive Effekte
  • Teratogenität
  • Kanzerogenität
  • dermale Toxizität

Angaben über Auswirkungen auf die menschliche Physiologie:

– krebserzeugend nach Gruppe: III A 2 [10]
– sehr giftig [10]
– Zur Mutagenität können keine eindeutigen Aussagen getroffen werden [5]
– bei Chemiearbeitern signifikante Erhöhung von Bronchialkarzinomen und Tumoren des oberen und unteren Verdauungstraktes [8]
– Akkumulation vorzugsweise im Fettgewebe, der Leber, im Muskelgewebe und der Haut [10]
– Leberschädigungen, Veränderungen von Enzymaktivitäten, Schädigungen der Haut (Chlorakne) und Schäden des ZNS sind Folgen chronischer Intoxikationen [10]
– TCDD werden hauptsächlich über Fäzes ausgeschieden, nur 3-18% werden über den Urin ausgeschieden [10]

Toxikologische Daten:

LD_{50} (oral,Ratte)	ca. 0,12 mg/kg [10]
LD_{50} (oral,Maus)	ca. 0,12 mg/kg [10]

Entsorgung / Verwertung:

– die thermische Zersetzung beginnt bei 700°C [4], dementsprechend muß eine thermische Sondermüllbehandlung zur Entsorgung ausgewählt werden
– nach [10] gibt es keine verbindlichen Empfehlungen zur Beseitigung PCDD- oder PCDF-haltiger Stoffe

Bemerkung:

- Bei der oxidativen Wasseraufbereitung wurden PCDD-Bildungsmechanismen aus Chlorphenolen beobachtet [10]
- Chlordibenzodioxine umfassen 75 Isomere [10]
- Die in der Umwelt anzutreffende Exposition von Gemischen an polychlorierten Dibenzo-p-dioxinen und Dibenzofuranen (PCDD/F) erfordert die Einführung einer Bezugsgröße. Da für 2,3,7,8-Tetrachlordibenzo-p-dioxin die toxischen Wirkungen auf Menschen und andere Organismen relativ gut untersucht sind, wird die Toxizität anderer Dioxin-/ Furanisomere auf dieses Dioxin bezogen. Zu diesem Zweck wurden Toxizitätsäquivalente, im allgemeinen als "TE" abgekürzt, eingeführt. Derzeit sind in der Bundesrepublik Deutschland zwei Umrechnungsmethoden in Gebrauch [5]:
  - Umrechnungsfaktoren des Bundesgesundheitsamtes
    - Umrechnungsfaktoren einer internationalen Arbeitsgruppe (NATO CCMS);
    diese Faktoren wurden in einen Entwurf zur 17. BImschV (1990/91) übernommen [5]
- Gemäß der Gefahrstoffverordnung (Anhang III) muß der Behörde anzeigen, wer mit Stoffen, Zubereitungen oder Erzeugnissen umgeht, die insgesamt mehr als 0,1 mg/kg (ppm) PCDD und/oder PCDF oder mehr als 0,01 mg/kg 2,3,7,8-TCDD enthalten [10]
- im allgemeinen sind Lebensmittel die maßgeblichen Expositionsquellen [10]
- Nach [10] gehören folgende PCDD - Isomere zu den besonders öko- und humantoxikologisch relevanten Dioxinen:
  - 2,3,7,8-Tetrachlordibenzodioxin-p-dioxin
  - 1,2,3,6,7,8-Hexachlordibenzo-p-dioxin
  - 1,2,3,7,8-Pentachlordibenzo-p-dioxin
  - 1,2,3,7,8,9-Hexachlordibenzo-p-dioxin
- Die Toxizität ist maßgeblich von der Position und Anzahl der Chloratome abhängig. [10]

Literaturquellen:

[1] Wiberg, K.; Lundström, K.; Glas, B.; Rappr, C.: PCDDs and PCDFs in Consumer'Paper Products. Chemosphere 19 (1989), S. 735-740.

[2] Christmann,W.; Klöppel, K.D.; Knoth, W.; Partscht, H.; Rotard, W.: Polychlorierte Dibenzodioxine/-furane, Phenole und Lindan in mit pentachlorphenolhaltigen Holzschutzmitteln behandelten Innenräumen. Fresenius Z. Anal. Chem. 333 (1989), S. 724f.

[3] Hagenmaier, H.: Determination of 2,3,7,8-Tetrachlordibenzo-p-dioxin in Commercial Chlorophenols and Related Products. Fresenius Z. Anal. Chem. 325 (1986), S. 603-606.

[4] Eisler, R.: Dioxin Hazards to Fish, Wildlife and Invertebrates: A Synoptic Review. Patuxent Wildlife Research Center, U.S. Fish and Wildlife Service, Laurel, MD, USA, (1980).

[5] Rippen: Handbuch Umweltchemikalien, Band 6 (2,3,7,8-Tetrachlordibenzo-p-dioxin),ecomed.

[6] Heckel, E.: Polychlorierte Dioxine und Dibenzofuran-Herstellung, Handhabung, Umweltfragen. Chem. Ing. Tech. 56 (1984), S. 390.

[7] Zeiger, E.:Carcinogenicity of Mutagens: Predictive Capability of the Salmonella Mutagenesis Assay for Rodent Carcinogenicity. Cancer Res. 47 (1987), S. 1287-1297.

[8] Dr. Rohleder Ruhrkohle AG: Diskussionsbeitrag in: Hessisches Sozialministerium (Hrsg.): Protokoll zum Dioxinfachgespräch am 29. August 1988. Wiesbaden, (1988).

[9] GSF: Dioxin - durch d. Hintertür in d. Umwelt. Mensch und Umwelt, (August 1985).

[10]Koch, R.: Umweltchemikalien. VCH, Weinheim, (1989), S. 148-151.

2,3,7,8-Tetrachlordibenzofuran

Weitere Bezeichnungen:

Verwendung in der Elektrotechnik:

- kein beabsichtigter Einsatz in der Elektrotechnik, aber als Produktionsverunreinigung in technischem PCB (Aroclor, Kaneclor) [1]

Emissionsquellen:

- Abfallverbrennung
- Sondermüllverbrennung
- Herstellung und Anwendung kontaminierter Chemikalien und Produkte, wie Chlorphenole, Chlorbenzol, Hexachlorophen, Pentachlorphenol u.a. [2]
- Verbrennungsendprodukt von chlorhaltigen Ausgangsmaterialien
- Nebenprodukt bei thermischer Behandlung von chlorhaltigen Ausgangsmaterialien; z.B. bei Kontakt mit der Shredderschneide beim mechanischen Zerkleinern
- deponierte PCDF-haltige Abfälle
- Herstellung und Anwendung kontaminierter Chemikalien und Produkte wie Chlorphenole, Chlorbenzol, Hexachlorophen, Pentachlorphenol u.a. [2]

Angaben über Auswirkungen auf die Umwelt:

- relativ hohe Persistenz [2]
- Wasserlöslichkeit, Lipoidlöslichkeit, Flüchtigkeit und Transformationsverhalten sind vom Chlorierungsgrad abhängig [2]
- Migrationen in tiefere Bodenschichten und damit verbundene Grundwasserkontaminationen sind nicht beschrieben [2]
- In Tierversuchen erfolgt eine 30-50%ige Resorption bei oraler Aufnahme (PCDF). Dabei wurden Eliminierungshalbwertzeiten von 12-94 Tagen festgestellt. [2]
- Bislang sind folgende Symptome bei Versuchstieren bekannt geworden, ohne daß das komplette Wirkungsspektrum bei allen Spezies anzutreffen ist [2]:
    - Gewichtsverlust
    - Thymusathrophie
    - Wirkungen auf das Immunsystem
    - Hepatotoxizität
    - reproduktive Effekte

- Teratogenität
- Kanzerogenität
- dermale Toxizität

Angaben über Auswirkungen auf die menschliche Physiologie:

- sehr giftig [2]
- Akkumulation vorzugsweise im Fettgewebe, der Leber, im Muskelgewebe und der Haut [2]
- Leberschädigungen, Veränderungen von Enzymaktivitäten, Schädigungen der Haut (Chlorakne) und Schäden des ZNS sind Folgen chronischer Intoxikationen [2]

Toxikologische Daten:

LD$_{50}$ (oral,Meerschwein) $\qquad$ $(5\text{-}10)*10^{-3}$ mg/kg [2]

Entsorgung / Verwertung:

- die thermische Zersetzung beginnt bei 700°C [4], dementsprechend muß eine thermische Sondermüllbehandlung zur Entsorgung ausgewählt werden
- nach [2] gibt es keine verbindlichen Empfehlungen zur Beseitigung PCDD- oder PCDF-haltiger Stoffe

Bemerkung:

- Chlordibenzofurane umfassen 135 Isomere [2]
- Die in der Umwelt anzutreffende Exposition von Gemischen an polychlorierten Dibenzo-p-dioxinen und Dibenzofuranen (PCDD/F) erfordert die Einführung einer Bezugsgröße. Da für 2,3,7,8-Tetrachlordibenzo-p-dioxin die toxischen Wirkungen auf Menschen und andere Organismen relativ gut untersucht sind, wird die Toxizität anderer Dioxin-/ Furanisomere auf dieses Dioxin bezogen. Zu diesem Zweck wurden Toxizitätsäquivalente, im allgemeinen als "TE" abgekürzt, eingeführt. Derzeit sind in der Bundesrepublik Deutschland zwei Umrechnungsmethoden in Gebrauch [3]:

- Umrechnungsfaktoren des Bundesgesundheitsamtes
  - Umrechnungsfaktoren einer internationalen Arbeitsgruppe (NATO CCMS);
    diese Faktoren wurden in einen Entwurf zur 17. BImschV (1990/91) übernommen [3]
– im allgemeinen sind Lebensmittel die maßgeblichen Expositionsquellen [2]
– Nach [2] gehören folgende PCDF-Isomere zu den besonders öko- und humantoxikologisch relevanten Furanen:
  - 2,3,7,8-Tetrachlordibenzofuran
  - 1,2,3,7,8-Pentachlordibenzofuran
  - 2,3,4,7,8-Pentachlordibenzofuran
– Die Toxizität ist maßgeblich von der Position und Anzahl der Chloratome abhängig. [2]
– Gemäß der Gefahrstoffverordnung (Anhang III) muß der Behörde anzeigen, wer mit Stoffen, Zubereitungen oder Erzeugnissen umgeht, die insgesamt mehr als 0,1 mg/kg (ppm) PCDD und/oder PCDF oder mehr als 0,01 mg/kg 2,3,7,8-TCDD enthalten [2]

Literaturquellen:

[1] van den Berg,M.; Olie, K.: Polychlorinated Dibenzofurans (PCDFs). Toxicol. Environ. Chem. 9 (1985), S. 171-217.
[2] Koch, R.: Umweltchemikalien. VCH, Weinheim, (1989).
[3] Rippen: Handbuch Umweltchemikalien, Band 6.

Quecksilber und seine Verbindungen

Weitere Bezeichnungen:

Verwendung in der Elektrotechnik:

- Elektrodenmaterial [1]
- Legierungen
- Kippschalter

Emissionsquellen:

- mechanische und thermische Bearbeitungsverfahren (Herstellung, Verwertung, Entsorgung)

Angaben über Auswirkungen auf die Umwelt:

- wassergefährdend (Wassergefährdungsklasse 3) [1]

Angaben über Auswirkungen auf die menschliche Physiologie:

- Resorption über die Haut [1]
- giftig beim Einatmen [1]
- orale Inkorporation [1]:
  - i.d.R. keine Vergiftungserscheinungen bei metallischem Quecksilber
- Inhalation [1]:
  - akute Beschwerden:
    - Metallgeschmack
    - Metalldampffieber
    - intestinale Symptome
  - nach Abklingen derselben kann sich eine chronische Quecksilbervergiftung entwickeln
- sensibilisierend [2]

Toxikologische Daten:

LD_{L0} (oral,Mensch)	1429 mg/kg [1]
TC_{L0} (Inhal.,Mensch)	0,17 mg/m^3 [1]
	(40 Jahre, Schädigung des ZNS)
TD_{L0} (iv.,Mensch)	29 mg/kg [1]
	(Magenbeschwerden)

Entsorgung / Verwertung:

– wenn möglich Reinigung durch Destillation und Rückführung in den Wirtschaftskreislauf, ansonsten Sondermüll [1]
– Aufnahme verschütteter Mengen mit Spezialsorptionsmittel [1]

Bemerkung:

Literaturquellen:

[1] Welzbacher, U.: Neue Arbeitsblätter für gefährliche Arbeitsstoffe nach der Gefahrstoffverordnung. Stand August 1993.
[2] Daunderer, M.: Handbuch der Umweltgifte: klinische Umwelttoxikologie für die Praxis. ecomed, Landsberg/Lech, 1990.

Salzsäure

Weitere Bezeichnungen:

Chlorwasserstoffsäure

Verwendung in der Elektrotechnik:

- Ätzen von Leiterplatten

Emissionsquellen:

- chemische und thermische Bearbeitungsverfahren (Herstellung, Verwertung, Entsorgung)

Angaben über Auswirkungen auf die Umwelt:

- wassergefährdend (Wassergefährdungsklasse 1) [2]

Angaben über Auswirkungen auf die menschliche Physiologie:

- Inhalation [1,2]:
  - Verätzung und Reizung der Atemwege
  - Lungenödem
- chronische Intoxikation [1]:
  - Zahnverätzungen
- akute Vergiftung [1]:
  - blutiges Erbrechen
  - blutiger Harn
  - Verätzungen
- Tod auf Grund einer Zerstörung der Schleimhaut in Ösophagus und Magen und anschließende Strikturbildung infolge ungenügender Ernährung [1]
- Verätzung der Augen, Haut und Schleimhäute [2]

Toxikologische Daten:

tödliche Dosis:	15 - 20 ml (konz. Säure) [1]
LC_{50} (inhal.,Mensch)	1300 ppm (30 min) [2]
LC_{50} (inhal.,Ratte)	3124 ppm (1h) [2]

Entsorgung / Verwertung:

- kleine Mengen [2]:
  mit Natriumbicarbonat (Soda) oder Kalkmilch neutralisieren, danach mit viel Wasser verdünnen und wegspülen
- große Mengen können mit chemisch-physikalischen Behandlungsverfahren behandelt werden

Bemerkung:

- stark korrodierende Eigenschaften (Metalle)

Literaturquellen:

[1] Wirth, W.; Hecht, G.; Gloxhuber, C.: Toxikologie-Fibel. 2. Auflage, Georg Thieme, Stuttgart (1971), S. 71f.
[2] Welzbacher, U.: Neue Arbeitsblätter für gefährliche Arbeitsstoffe nach der Gefahrstoffverordnung. Stand August 1993.

Schwefeldioxid

Weitere Bezeichnungen:

SO_2, Schwefelsäureanhydrid, Schwefel(IV)-oxid

Verwendung in der Elektrotechnik:

- Kühlanlagen (Kältemittel)

Emissionsquellen:

- jegliche Verbrennung von Schwefel

Angaben über Auswirkungen auf die Umwelt:

- wassergefährdend (Wassergefährdungsklasse 1) [2]

Angaben über Auswirkungen auf die menschliche Physiologie:

- in höheren Konzentrationen stark reizend, entzündungsfördernd und ätzend auf Atemwege und die Schleimhäute der Augen [1,2]
- Ausbildung von Toleranzverhalten des menschlichen Organismus [1]
- Erstickungstod durch Stimmritzenkrampf (Luftkonzentration im Milligrammbereich) [1]
- Geruchsschwelle: 0,5-1,0 ppm [1]
- In Gegenwart von einatembarem Staub verstärkte Wirkung von Schwefeldioxid [2]
- Inhalation [2]:
  - Schleimhautreizung
  - Lungenödem (massive Exposition) giftig [2]

Toxikologische Daten:

LC_{50} (inhal.,Ratte)	2520 ppm (1h) [2]
LC_{50} (inhal.,Maus)	3000 ppm (30 min) [2]
LC_{LO} (inhal.,Mensch)	3000 ppm (5 min) [2]
TC_{LO} (inhal.,Mensch)	3 ppm [2]
	(5 Tage, Atembeschwerden)
TC_{LO} (inhal.,Mann)	4 ppm [2]
	(1 min, Atembeschwerden)

Entsorgung / Verwertung:

- Gas in Kalkmilch absorbieren und zu Gips umsetzen, der im Hausmüll entsorgt werden kann [2]
- schwefelhaltiger Gips wird z. T. in der Baustoffindustrie eingesetzt

Bemerkung:

- Bei Kontakt mit Wasser Bildung schwefliger Säure, die leicht in Schwefelsäure oxidiert werden kann [2]
- stark korrodierend (feuchtes SO_2)

Literaturquellen:

[1] Wirth, W.; Hecht, G.; Gloxhuber, C.: Toxikologie-Fibel. 2. Auflage, Georg Thieme, Stuttgart (1971), S. 85.
[2] Welzbacher, U.: Neue Arbeitsblätter für gefährliche Arbeitsstoffe nach der Gefahrstoffverordnung. Stand August 1993.

Schwefelsäure

Weitere Bezeichnungen:

Vitriolöl, Acidium sulfuricum crudum

Verwendung in der Elektrotechnik:

- Elektrolyt in Bleiakkus
- Verwendung bei galvanischen Überzügen (Au, Ag, Ni, Cr, Zn, Cd, Cu)
- Elektrolyt in Tantalkondensator
- Beizen von Metallen

Emissionsquellen:

- mechanische und thermische Bearbeitungsverfahren (Herstellung, Verwertung, Entsorgung)

Angaben über Auswirkungen auf die Umwelt:

- konzentrierte Schwefelsäure zerstört viele organische Substanzen
- wassergefährdend (Wassergefährdungsklasse 1) [1]

Angaben über Auswirkungen auf die menschliche Physiologie:

- schwere Verätzungen
- Inhalation [1,2]:
  - Lungenödem
  - entzündliche Atemwegsreizungen
  - Entkalkung der Zähne
- orale Inkorporation:
  - Reizungen im Mund-, Speiseröhren- und Darmbereich [1]
- Konjunktivitis [1]
- Hornhauttrübung [1]

Toxikologische Daten:

tödliche Verätzung des Magens: 5 ml [2]
(orale Korporation)

Entsorgung / Verwertung:

- kleine Mengen:
  stark verdünnte Säure mit Natriumbicarbonat (Soda) neutralisieren [1]
- große Mengen:
  Sondermüll [1], kann mit chemisch-physikalischen Behandlungsverfahren aufbereitet werden.

Bemerkung:

- Die rohe Säure ist oft mit Blei und Arsen verunreinigt [2]

Literaturquellen:

[1] Welzbacher, U.: Neue Arbeitsblätter für gefährliche Arbeitsstoffe nach der Gefahrstoffverordnung. Stand August 1993.
[2] Wirth, W.; Hecht, G.; Gloxhuber, C.: Toxikologie-Fibel. 2. Auflage, Georg Thieme, Stuttgart (1971), S. 86.

Selen und seine Verbindungen

Weitere Bezeichnungen:

Se

Verwendung in der Elektrotechnik:

- Selenfotoelemente
- Selendiode
- Gleichrichter (Grundbaustein: Selendiode)
- integrierte Schaltungen

Emissionsquellen:

- mechanische und thermische Bearbeitungsverfahren (Herstellung, Verwertung, Entsorgung)

Angaben über Auswirkungen auf die Umwelt:

- essentielles Spurenelement für Pflanzen, Mikroorganismen und wahrscheinlich auch für Tiere [1]
- auf kontaminierten Wiesen (Süddakota) weidende Rinder und Pferde: Reduzierung der Sehkraft und Lähmungserscheinungen (blind stagger) [1]
- chronische Intoxikation (Alkali-Disease) [1]:
  - Verlust der Vitalität
  - Anämie
  - Gelenksteife
  - rauhes Fell
  - Haarverlust
  - Hufschädigung
- in Tierversuchen schnelle Resorption über Magen-Darm-Trakt [1]

Angaben über Auswirkungen auf die menschliche Physiologie:

- gesteigerte Kariesempfindlichkeit [1]
- Ausscheidung über den Harn [1]
- akute Vergiftung [1]:
  - Dermatitis

- Selenwasserstoff (H_2Se) [1]:
  - starke Reizungen von Augen, Nase, Rachen
  - Lungenödem
  - Kopfschmerzen
- chronische Intoxikation [1]:
  - Reizung der oberen Luftwege
  - Störung der Magen-Darm-Funktion
  - Knoblauchgeruch des Atems (sehr wahrscheinlich durch Tellurverunreinigungen des Selens)
- nervöse Symptome

Toxikologische Daten:

Ausschaltung des Geruchssinnes:	1 ppm [1] (Selendioxid)
Tod durch Na_2SeO_3 in 5 h:	einige Gramm [1]

Entsorgung / Verwertung:

- nach Absprache mit den zuständigen Behörden

Bemerkung:

- Selensalze der selenigen Säure (H_2SeO_3) zeigen ähnliche Giftwirkung wie Arsenik (Gastroenteritis, Leberverfettung, Porphyrinurie) [1]

Literaturquellen:

[1] Wirth, W.; Hecht, G.; Gloxhuber, C.: Toxikologie-Fibel. 2. Auflage, Georg Thieme, Stuttgart (1971), S. 87f.

Styrol

Weitere Bezeichnungen:

Vinylbenzol, Ethylenbenzol, Phenylethylen, Phenylethen, Cinnamol, Monostyrol, Styren (ehem.DDR)

Verwendung in der Elektrotechnik:

- Monomer zur Herstellung der Kunststoffe:
  GPPS/HIPS,EPS,ABS/SAN,SBR/SB-Latex/SA-Latex,UPR,SBS,UPE und andere [1]
- Lösemittel für ungesättigte Polyesterharze

Emissionsquellen:

- durch Ausgasen bzw. Auslaugen von Kunststoffen [2,3]
- bei der Verarbeitung von Polyesterharz [1]
- Müllverbrennungsanlagen
- Produkt bei der Pyrolyse

Angaben über Auswirkungen auf die Umwelt:

- wassergefährdend (Wassergefährdungsklasse 2) [5,7]
- Trinkwassergefährdung bei Eindringen größerer Mengen ins Erdreich, bzw. ins Grundwasser [7]

Angaben über Auswirkungen auf die menschliche Physiologie:

- Aufnahme durch die Haut möglich [6]
- reizt Haut und Schleimhäute [7]
- massive Inhalation:
  - Lungenödem
- narkotische Wirkung [7]
- höhere Konzentrationen: wahrscheinlich teratogen

Toxikologische Daten:

LD_{50} (oral,Ratte)	5000 mg/kg [7]
LD_{50} (oral,Maus)	316 mg/kg [7]
LCL_0 (inhal.,Maus)	10000 ppm [7]
LCL_0 (inhal.,Mensch)	10000 ppm/0,5h [7]

Entsorgung / Verwertung:

- kleine Mengen: mit Universalbinder (Kieselgur, Blähglimmer) aufnehmen, Sondermüll [7]
- in geeigneten Anlagen thermisch entsorgen

Bemerkung:

Literaturquellen:

[1] Rippen: Handbuch Umweltchemikalien, Band 6 (Styrol).
[2] OECD (VCI): Production Figures and Use Patterns for Some High Volume Chemicals. Paris, (June 1977).
[3] Römpps Chemie-Lexikon. 8. Auflage Franck'sche Verlagsbuchhandlung, Stuttgart (1978-1988).
[4] Howard, P. H.:Handbook of Environmental Fate and Exposure Data for Organic Chemicals. Volume I: Large Production and Priority Pollutants. Lewis Publ., Chelsea, MI, USA (1989).
[5] Roth,L.: Wassergefährdende Stoffe. ecomed, Landsberg, Loseblattsammlung, Stand 16. Erg. Lfg., (9/91).
[6] Auergesellschaft GmbH (Hrsg.): Auer-Technikum, 12. Ausgabe, Berlin, (1989).
[7] Welzbacher, U.: Neue Datenblätter für gefährliche Arbeitsstoffe nach der Gefahrstoffverordnung. Stand: August 1993.

Thallium und seine Verbindungen

Weitere Bezeichnungen:

Tl

Verwendung in der Elektrotechnik:

- lichtempfindliche Halbleiter (Photowiderstände, Photozellen)
- Gasentladungs- und Leuchtröhren (Metalldampflampen)
- integrierte Schaltung
- Getterstoff für Spezialröhren

Emissionsquellen:

- mechanische und thermische Bearbeitungsverfahren (Herstellung, Verwertung, Entsorgung)

Angaben über Auswirkungen auf die Umwelt:

- Thallium ist als Spurenelement im Organismus von Pflanzen und Tieren vorhanden [2]
- Beeinträchtigung der Photosynthese (Reduzierung um 50 75 %) und des Wachstums bei einem Versuch an Korn- und Sonnenblumen [5]
- Chlorotische Aufhellungen, die sich zu Nekrosen entwickeln, entstehen an Luftablagerungen auf den Blättern [1]
- Pflanzen nehmen Thallium über die Wurzeln auf und reichern es im Blattgewebe und anderen Pflanzenteilen an, wo phytotoxische Reaktionen ablaufen können. [1]

Angaben über Auswirkungen auf die menschliche Physiologie:

- Resorption [7]:
  - enteral
  - über die Haut
  - Atmung

- zunächst [7]:
  - initial - gastrointestinale Symptome
- dann:
  - Schmerzen
  - Durst
  - Schlaflosigkeit
  - Sehstörungen bis hin zur Erblindung
  - Haarausfall
  - möglicher Exitus nach 1-2 Wochen; wenn nicht tödlich: monatelange Beschwerden mit:
  - Polyneuritis
  - Blutdrucksteigerungen
  - Tachykardie
- Thallium ist ein Spurenelement des menschlichen Körpers [2]
- Thallium und seine Verbindungen sind hochtoxisch. Bei einer Intoxikation wird jede Zelle, jedes Gewebe und jedes Organ geschädigt [1]
- Nach [1] gibt es über Mutagenität, Teratogenität und Kanzerogenität keine abschließenden Aussagen
- Die Aufnahme erfolgt über Atmung, Haut und die Nahrungskette und wird in Knochen, Haut, Schweiß- und Talgdrüsen, Nägeln, Haaren, Leber, Nieren, in der Darmwand, im Muskelgewebe sowie im gesamten Nervensystem angereichert. Die Distribution erfolgt über den Blutkreislauf. [1]
- Ausscheidung erfolgt im wesentlichen über Urin und Kot, in geringen Mengen über Haare, Tränen, Speichel, Schweiß und Muttermilch [1]
- Anhand der Symptome kann zwischen **akuter, subakuter** und **chronischer** Vergiftung unterschieden werden [1]:

<u>i.) akute Vergiftung:</u>

- Symptome der ersten 3-4 Tage:
  - häufig letaler Ausgang innerhalb 4-10 Tage [3]
  - Reizung der Schleimhäute und des Verdauungstraktes
  - Übelkeit und Erbrechen
  - Obstipation
- daran anschließend, charakteristische Symptome:
  - Polyneuropathie,
    gekennzeichnet durch Schädigung der sensiblen Nervenfasern, mit Taubheit in Händen und Füßen, Hautkribbeln, Brennen der Fußsohlen und Hypersensibilität gegenüber Berührungen und Schmerz bis hin zum Verlust des Gefühlssinnes.
    Der Befall motorischer Nerven ruft Lähmungserscheinungen im Bereich der Hirnnerven und der unteren Extremitäten hervor.

Weiter können die Sehnerven atrophieren, was zur vollständigen Erblindung führen kann.

Als hauptsächliche Todesursache wird eine zentrale Atemlähmung angegeben

- Thalliumalopecie
  4-5 Tage nach Giftaufnahme:
  - dunkle Farbpigmentierung der Haarwurzeln, oft abwechselnd mit weißen und schwarzen Streifen
  nach 10-14 Tagen:
  - starker Haarausfall, meist vollständiger Verlust von Kopf-, Achsel- und Schambehaarung
- Endstadium:
  - Haare können büschelweise ohne Schmerzempfindung herausgezogen werden
  - Im Bereich der Haut:
    - Schädigung der Schweiß- und Talgdrüsen, einhergehend mit verminderter Schweißabsonderung (Anhydrose)
    - Hautschuppung
    - u.U. nekrotische Akne
  - Lunula - Streifen der Fingernägel
  - nicht obligate Begleiterscheinungen:
    - Schlafmittelresistente Schlaflosigkeit, einhergehend mit Umkehrung des biologischen Tag-Nacht-Rhythmus
  - Toxische Myokarditis (Herzschädigung) mit Tachykardien, Hypertonie und u.U. Herzrhythmusstörungen
  - Psychische Veränderungen,
    zu Beginn:
    - Angstzustände
    - Depressionen
    - Unruhe und Hysterie
    nachfolgend:
    - schwere Bewußtseinsstörungen
    - Gedächtnisschwund
    - Sprachstörungen
    - Verhaltensstörungen
    in besonders schweren Fällen:
    - epileptische Anfälle und komatöse Zustände
  - Schädigung von Leber und Nieren:
    - möglicherweise Vergrößerung der Leber
    - im Urin treten Eiweiß, rote und weiße Blutkörperchen sowie Porphyrine auf

ii.) subakute Vergiftung:

- Ätiologie:
  wiederholte Intoxikation mit größeren, aber noch nicht akut wirksamen Thalliummengen.
- milderer, aber längerer Krankheitsverlauf als bei akuter Vergiftung
- heilbar nachdem Vergiftungsursache beseitigt ist
- Dauer: zwischen 6 Wochen und 3 bis 4 Monaten [3]

iii.) chronische Vergiftung:

- über einen längeren Zeitraum übersteigt die aufgenommene Thalliummenge die Ausscheidungskapazität von Nieren und Harn
- Symptome des Anfangsstadiums:
  - Appetitlosigkeit
  - Magenbeschwerden
  - Schmerzen in der Brust
  - Fieber
  - starker Durst
  - Abmagerung und zunehmende Schwäche
- Symptome des weiteren Verlaufs:
  - Polyneuropathie mit Schmerzen in den Beinen, Muskelschwund und Sehstörungen
  - Haarausfall, ca. 4-6 Wochen nach Expositionsende hört der Haarausfall auf
  - Hautschädigungen:
    - Hautschuppen
    - gräuliche Hautverfärbung
    - Flechten
    - Faulecken im Gesicht
  - nach 2 Monaten Lunulastreifen an Finger- und Fußnägeln
  - Neugeborene:
    - Fehl- oder Frühgeburten
    - Untergewicht von Neugeborenen
    - Entwicklungsverzögerungen
    - Schädigung des ZNS
    - Deformationen am Knochenbau, wenn die Vergiftung innerhalb der ersten 3 Monate der Schwangerschaft stattgefunden hat. [4]
- Spätfolgen [1]:
  - Nieren-, Leber- und Muskelschädigungen heilen im allgemeinen ohne bleibende Dauerschäden ab
  - Nach der Vergiftung wachsen die Haare wieder nach
  - Schäden des peripheren Nervensystems heilen nach Monaten oder Jahren weitgehend aus

- möglicherweise irreparable Ausfälle am ZNS
- bleibende psychische Störungen, wie Delirien, Merk- und Erinnerungsstörungen, Halluzinationen, allgemeine Interesselosigkeit
- bleibende beidseitige Optikusatrophie mit Sehstörungen und Restparesen in den Beinen

Zeitlicher Verlauf einer akuten Thalliumsulfatvergiftung [6]

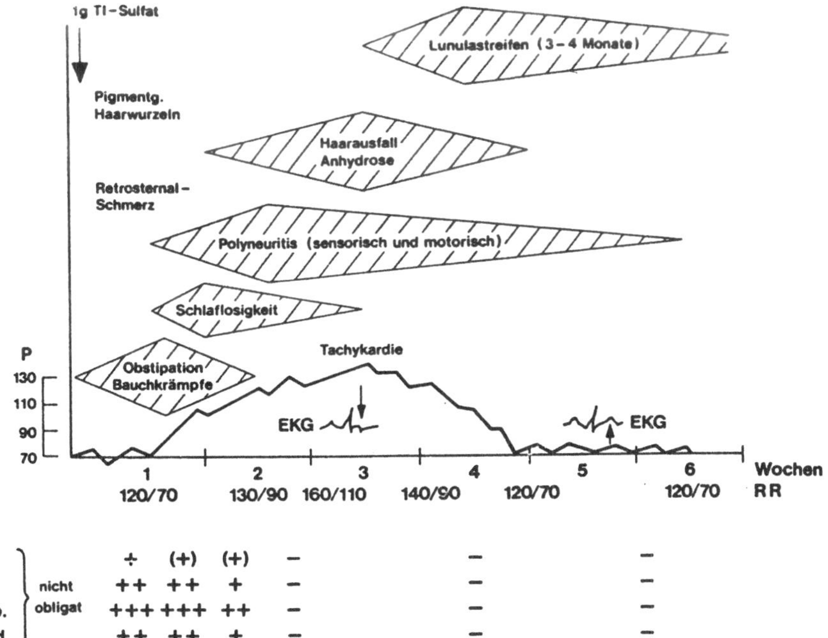

Urin:	Ery.			÷	(+)	(+)	–		–		–
Sediment:	Ery.	nicht		++	++	+	–		–		–
	Leuko.	obligat		+++	+++	++	–		–		–
	Zylind.			++	++	+	–		–		–

Toxikologische Daten:

LD_{10} (Mensch):	8-10 mg/kg [1]
kleinste toxische Dosis auf das ganze Leben bezogen:	0,22 mg/kg*d [1]
LD_{10} (unbekannt,Mensch):	4,412 mg/kg [7]

Entsorgung / Verwertung:

- Sondermüll [7]
- nach Absprache mit den zuständigen Behörden

Bemerkung:

- Thallium und einige seiner Verbindungen zeigen Supraleitfähigkeit [1]
- Thallium(I)-Verbindungen sind beständiger als Thallium(III)-Verbindungen [1]

Literaturquellen:

[1] Zartner-Nyilas, G.; Valentin, H.; Schaller, K. H.; Schicle, R.: Thallium - ökologische, umweltmedizinische und industrielle Bedeutung, Agrar- und Umweltforschung in Baden-Würtemberg. Band 3, Verlag Eugen Ulmer Stuttgart 1983.
[2] Geilmann, W., et al.: Thallium, ein regelmäßiges Spurenelement im tierischen und pflanzlichen Organismus. Biochemische Zeitschrift 333, (1960), S. 62-70.
[3] Smith, I.C.; Carson, B.L.: Trace Metals in the Environment Vol. 1, Thallium, Ann. Arbor Science Publ. Ann. Arbor, (1977).
[4] Moellhoff, G.: Thallium-Vergiftungen, Arch. Kriminol., Vol. 163, Iss. 1 - 2, 1 -13, (1979).
[5] Carlson, R.W.,et al.: Effect of heavy metals on plants. II. Net photosythesis and transpiration of whole corn and sunflower plants treated with Pb, Cd, Ni and Tl. Environmental Research, Vol. 10, No. 1, (August 1975), S. 113 - 120.
[6] Moeschlin, S.: Klinik und Therapie der Vergiftungen. Georg Thieme Verlag, Stuttgart (1980).
[7] Welzbacher, U.: Neue Arbeitsblätter für gefährliche Arbeitsstoffe nach der Gefahrstoffverordnung. Stand August 1993.

Tris(2-chlorethylphosphat)

Weitere Bezeichnungen:

2-Chlorethanolphosphat, Trichlorethylphosphat, Phosphorsäure-tris-chlorethylester, Tris(BETA-chlorethyl)-phosphat

Verwendung in der Elektrotechnik:

- Herstellung von Filmen und Kunststoffen
- Flammschutz in Textilien

Emissionsquellen:

- mechanische und thermische Bearbeitungsverfahren (Herstellung, Verwertung, Entsorgung)

Angaben über Auswirkungen auf die Umwelt:

Angaben über Auswirkungen auf die menschliche Physiologie:

- Reizung von Augen Haut und Schleimhäuten [1]
- Inhalation [1]:
  - toxisches Lungenödem

Toxikologische Daten:

LD_{50} (oral,Ratte)　　　　　　　　1230 mg/kg [1]
$LD_{I.0}$ (ip.,Maus)　　　　　　　　250 mg/kg [1]

Entsorgung / Verwertung:

- Mit Universalbinder (Blähglimmer, Kieselgur) aufnehmen und als Sondermüll entsorgen [1]

Bemerkung:

Literaturquellen:

[1] Welzbacher, U.: Neue Arbeitsblätter für gefährliche Arbeitsstoffe nach der Gefahrstoffverordnung. Stand August 1993.

Vinylacetat

Andere Bezeichnungen:

Essigsäurevinylester, 1-Acetoyethylen, 1-Acetoxyethen, VAC, Äthansäure-äthenylester

Verwendung in der Elektrotechnik:

- Lackrohstoff
- Ausgangsprodukt für Kunststoffdispersionen
- Schallplatten

Emissionsquellen:

- thermische Bearbeitungsverfahren (Herstellung, Verwertung, Entsorgung)

Angaben über Auswirkungen auf die Umwelt:

- wassergefährdend (Wassergefährdungsklasse 2) [1]
- TA Luft:
  Zu behandeln wie organische Stoffe Klasse II [1]

Angaben über Auswirkungen auf die menschliche Physiologie:

- reizt Haut und Schleimhäute [1]
- in hohen Mengen betäubende Wirkung [1]
- Lungenödem bei Inhalation

Toxikologische Daten:

LD_{50} (oral,Ratte)	2920 mg/kg [1]
LCL_0 (inhal.,Ratte)	4000 ppm/4h [1]
LD_{50} (oral,Maus)	1613 mg/kg [1]
LC_{50} (inhal.,Maus)	1550 ppm/4h [1]

Entsorgung / Verwertung:

- kleine Mengen mit Universalbinder (Blähglimmer, Kieselgur) binden und Sondermüllverbrennungsanlage zuführen oder auf Sondermülldeponie endlagern
- große Mengen nach Absprache mit den zuständigen Behörden entsorgen
- Bei kontaminierten Böden:
  - Kleinmengen mit Aufsaugmitteln aufnehmen
  - große Mengen: Bodenabtragung und Entsorgung

Bemerkung:

- Polymerisiert in Licht zu einem Festkörper [1]

Literaturquellen:

[1] Welzbacher, U.: Neue Arbeitsblätter für gefährliche Arbeitsstoffe nach der Gefahrstoffverordnung. Stand Audust 1993.

Zink und seine Verbindungen

Weitere Bezeichnungen:

Verwendung in der Elektrotechnik:

- Überzugsmetall bei Stahl (Korrosionsschutz)
- Zn-Kohle-Element
- Legierungen (z.B. Zinkdruckguß, Lot)
- Grundierung (Zink - Staubfarbe)
- Metallschicht auf Metallpapierkondensator
- pos. Elektrode der Hg-Oxidzelle
- Lumineszenzaktivator
- Dotiermaterial für LED

Emissionsquellen:

- mechanische und thermische Bearbeitungsverfahren (Herstellung, Verwertung, Entsorgung)

Angaben über Auswirkungen auf die Umwelt:

- im allgemeinen nicht wassergefährdend (Wassergefährdungsklasse 0) [1]

Angaben über Auswirkungen auf die menschliche Physiologie:

- nicht sehr toxisch [1]
- in hohen Dosen Reizung der Schleimhäute [1]
- Gießerfieber, Zinkfieber (Kontakt mit größeren Mengen Zinkstaub) [1]

Toxikologische Daten:

TC_{L0} (inhal.,Mensch) $\qquad$ 124 mg/m^3 [1]
(50 min Zinkstaub, Atembeschwerden)

- Bei intermittierendem Kontakt mit nichtstabilisiertem Zinkstaub leichte Hautreizung: 0,3 mg (3 Tage) [1]

Entsorgung / Verwertung:

– wenn technisch möglich, Rückgewinnung

Bemerkung:

Literaturquellen:

[1] Welzbacher, U.: Neue Arbeitsblätter für gefährliche Arbeitsstoffe nach der Gefahrstoffverordnung. Stand August 1993.

Zinkchlorid

Weitere Bezeichnungen:

Zinkbutter, Zinkdichlorid, Chlorzink, salzsaures Zink

Verwendung in der Elektrotechnik:

- Elektrolyt in elektrischen Zellen
- Flußmittel (Lötwasser)
- Elektrolyt in $ZnCl_2$ - Zelle
- Holzimprägnierung

Emissionsquellen:

- mechanische und thermische Bearbeitungsverfahren (Herstellung, Verwertung, Entsorgung)

Angaben über Auswirkungen auf die Umwelt:

- wassergefährdend (Wassergefährdungsklasse 1)

Angaben über Auswirkungen auf die menschliche Physiologie:

- ätzende Wirkung auf Haut und Schleimhaut [1]
- massive Inhalation: Lungenödem [1]
- Zinkfieber

Toxikologische Daten:

LD_{50} (oral,Ratte)	350 mg/kg [1]
LDL_0 (iv.,Ratte)	30 mg/kg [1]
LD_{50} (oral,Maus)	350 mg/kg [1]
LD_{50} (ip.,Maus)	31 mg/kg [1]

Entsorgung / Verwertung:

– Sondermüll, Sonderabfalldeponie

Bemerkung:

Literaturquellen:

[1] Welzbacher, U.: Neue Arbeitsblätter für gefährliche Arbeitsstoffe nach der Gefahrstoffverordnung. Stand August 1993.

Zinkchromat

Weitere Bezeichnungen:

Zinkgelb, chromsaures Zink, Zitronengelb, Zinkchromgelb, Zinkkaliumchromat, basisches Zinkchromat

Verwendung in der Elektrotechnik:

- Pigmente
- Grundierung

Emissionsquellen:

- mechanische und thermische Bearbeitungsverfahren (Herstellung, Verwertung, Entsorgung)

Angaben über Auswirkungen auf die Umwelt:

Angaben über Auswirkungen auf die menschliche Physiologie:

- krebserzeugend (insbesondere nach langjähriger Exposition) nach Gruppe: III A 1 [1]
- Sensibilisierung durch Hautkontakt möglich [1]
- orale Inkorporation ist gesundheitsschädlich [1]
- in Hautverletzungen: schlecht heilende Ulcera

Toxikologische Daten:

Entsorgung / Verwertung:

- Sondermüll
- auf Sonderabfalldeponie

Bemerkung:

– technische Produkte oft mit Alkaliionen verunreinigt [1]

Literaturquellen:

[1] Welzbacher, U.: Neue Arbeitsblätter für gefährliche Arbeitsstoffe nach der Gefahrstoffverordnung. Stand August 1993.

Zinn und seine Verbindungen

Weitere Bezeichnungen:

Sn

Verwendung in der Elektrotechnik:

- Hitzestabilisator in Hart-PVC
- Transformatoröle
- Pigmente
- Überzug für Stahl (Korrosionsschutz)
- verzinnte Bauteile
- Legierung (z.B. Lot)
- Lumineszenzaktivator

Emissionsquellen:

- mechanische und thermische Bearbeitungsverfahren (Herstellung, Verwertung, Entsorgung)

Angaben über Auswirkungen auf die Umwelt:

- Halbwertszeit für radioaktiv markiertes Zinn in der Skelettmuskulatur von Ratten: 3-4 Monate (i.m. verabreicht) [1]

Angaben über Auswirkungen auf die menschliche Physiologie:

- Resorption über Atemwege und Magen-Darm-Trakt [1]

Toxikologische Daten:

Entsorgung / Verwertung:

- auf Sonderabfalldeponie

Bemerkung:

Literaturquellen:

[1] Daunderer, M.: Handbuch der Umweltgifte: klinische Umwelttoxikologie für
    die Praxis. ecomed, Landsberg/Lech, 1990.

Quellenverzeichnis Abbildungen und Tabellen

Teil B, Bild 1 (Transformator)
Bednarz, J.: Kunststoffe in der Elektrotechnik und Elektronik. W. Kohl-
hammer GmbH, Stuttgart (1988), S 59.

Teil B, Bild 2 (Miniaturschalter)
Bednarz, J.: Kunststoffe in der Elektrotechnik und Elektronik. W. Kohl-
hammer GmbH, Stuttgart (1988), S 194.

Teil B, Bild 3 (Wirkungskurve)
Prof. Dr. Brüdgam: Aus dem Skript zur Vorlesung"Automobilrecycling" an
der FH Braunschweig/Wolfenbüttel, Standort Wolfsburg.
Sekundärquelle: Förstner, U.: Umweltschutztechnik: Eine Einführung.
Springer-Verlag, Berlin (1990), S 64.
Primärquelle: Baccini, P.: Circulation of Metals in the Environment. In: H.
Sigel (Hrsg.) Metal Ions in Biological Systems. Band 18. Marcel Dekker, New
York 1984.

Teil E, Bild 1 (Dioxin-VO)
Meyer, H.; Neupert, M.; Pump, W.; Willenberg, B.: Flammschutzmittel ent-
scheiden über die Wiederverwertbarkeit. Kunststoffe 83 (1993) 4. Carl Hanser
Verlag, München (1993), S 253. (Zeitschrift)

Teil E, Tabelle 1 (ABS mit PBDE)
Meyer, H.; Neupert, M.; Pump, W.; Willenberg, B.: Flammschutzmittel ent-
scheiden über die Wiederverwertbarkeit. Kunststoffe 83 (1993) 4. Carl Hanser
Verlag, München (1993), S 254. (Zeitschrift)

Teil E, Tabelle 2 (ABS mit TBBPA)
Meyer, H.; Neupert, M.; Pump, W.; Willenberg, B.: Flammschutzmittel ent-
scheiden über die Wiederverwertbarkeit. Kunststoffe 83 (1993) 4. Carl Hanser
Verlag, München (1993), S 254. (Zeitschrift)

Teil E, Tabelle 3 (gemischter Elektronik-Schrott)
Meyer, H.; Neupert, M.; Pump, W.; Willenberg, B.: Flammschutzmittel ent-
scheiden über die Wiederverwertbarkeit. Kunststoffe 83 (1993) 4. Carl Hanser
Verlag, München (1993), S 255. (Zeitschrift)

Teil G, Abbildung (zeitlicher Verlauf einer Thallium-sulfatvergiftung)
Moeschlin, S.: Klinik und Therapie der Vergiftungen. Georg Thieme Verlag,
Stuttgart (1980), S 14

Zukunftsweisende Forschung und Entwicklung für Elektrofahrzeuge, Umwelt und Verkehr sowie Fahrzeugelektronik

Seit über 25 Jahren arbeitet die DAUG erfolgreich auf dem Feld alternativer Fahrzeugantriebe, insbesondere in den Bereichen Elektrotraktion und Batterietechnik. Die Arbeiten reichen von der Grundlagenforschung in der Batterietechnik über Entwicklungstätigkeiten und Prototypenbau bis hin zur Serienproduktion. 1990 wurden diese Tätigkeitsfelder um die Serienentwicklung von Fahrzeugelektronik sowie Forschungs-, Entwicklungs- und Consultingtätigkeiten im Bereich Umwelt und Verkehr erweitert.

Elektrofahrzeug-Technologie

Im Fachgebiet Elektrofahrzeug-Technologie werden Konzepte erarbeitet, die die Realisierung von elektrischen Straßenfahrzeugen unterstützen. Schwerpunkte sind dabei Forschung und Entwicklung auf dem Gebiet elektrochemischer Speichersysteme.
Serienmäßig hergestellt werden u.a. auch für Industrie- und sonstige Anwendungen offene und vollständig wartungsfreie, gasdichte Ni/Cd-Systeme. Verfügbar sind Weiterentwicklungen in Form von Ni/MH-Systemen und in der Zukunft von gasdichten Ni/Zn-Systemen.

Umwelt und Verkehr

Im Bereich Umwelt und Verkehr erstrecken sich die Kompetenzfelder von Automobilrecycling und Abfallwirtschaft über Marktrecherchen, Wirtschaftlichkeitsuntersuchungen, Verkehrsplanung und Verkehrssimulation bis hin zum Management von Gemeinschaftsprojekten und Feldversuchen. Teamorientiertes, fachübergreifendes Engineering resultiert in Kompetenz von der Konzeptionierung z. B. neuartigen Mobilitätsformen über Aufbau und Programmierung von Prototypen bis hin zu deren Erprobung in Pilotversuchen.

Kfz-Elektronik

Die Kfz-Elektronik der DAUG bearbeitet folgende elektronische Komponenten, Baugruppen und Systeme: Steuergeräte, Sensoren, Stellglieder und Software. Die enge Anbindung an die Automobilindustrie und Kfz-Zulieferer bietet die Chance, die Aufgaben in konzertierter Form optimal zu lösen.

DAUG

DEUTSCHE AUTOMOBILGESELLSCHAFT MBH
Julius-Konegen-Straße 24
D-38114 Braunschweig
Tel.   ++49 / 5 31 / 59 09 30
Fax.   ++49 / 5 31 / 59 09 3 - 10